JN040746

学ぶ人は、変えてゆく人だ。

目の前にある問題はもちろん、

人生の問いや、

社会の課題を自ら見つけ、

挑み続けるために、人は学ぶ。

「学び」で、

少しずつ世界は変えてゆける。

いつでも、どこでも、誰でも、

学ぶことができる世の中へ。

旺文社

とってもやさしい

中1数学

これさえあれば

授業がわかる

三訂版

旺文社

はじめに

　この本は，数学が苦手な人にとって「やさしく」数学の勉強ができるように作られた問題集です。

　中学校の数学を勉強していく中で，小学校の算数とくらべて数学が一気に難しくなった，急にわからなくなった，と感じている人がいるかもしれません。そういう人たちが基礎から勉強をしてみようと思ったときに手助けとなる問題集です。

　『とってもやさしい数学』シリーズでは，中学校で習う数学の公式の使いかたや計算のしかたを，シンプルにわかりやすく解説しています。1回の学習はたった2ページで，コンパクトにまとまっているので，無理なく自分のペースで学習を進めることができるようになっています。左ページの解説をよく読んで内容を理解したら，すぐに右ページの練習問題に取り組んで，解き方が身についたかを確認しましょう。解けなかった問題は，左ページや解答解説を読んで，わかるようになるまで解き直してみてください。

　また，各章の最後には「おさらい問題」も掲載しています。章の内容を理解できたかの力だめしや定期テスト対策にぜひ活用してください。

　この本を1冊終えたときに，みなさんが数学に対して少しでも苦手意識をなくし，「わかる！」「解ける！」ようになってくれたら，とてもうれしいです。みなさんのお役に立てることを願っています。

株式会社　旺文社

1章　正の数・負の数

2章　文字と式

3章　1次方程式

4章　比例と反比例

5章　平面図形

6章　空間図形

7章　データの活用

Webサービス（復習問題プリント・スケジュール表）について

https://www.obunsha.co.jp/service/toteyasa/

●復習問題プリントについて

どうしても解けない場合は
復習問題Webへ GO！

このアイコンがある場合は、その単元に関連する小学校の内容の復習問題が掲載されたプリント（PDFファイル形式）がWeb上に用意されています。QRコードを読み取ってアクセスしてください。

●スケジュール表について

1週間の予定が立てられて、ふり返りもできるスケジュール表（PDFファイル形式）がWeb上に用意されていますので、ぜひ活用してください。

本書の特長と使い方

1単元は2ページ構成です。左ページの解説を読んで理解したら，右ページの
練習問題に取り組みましょう。

◆左ページ

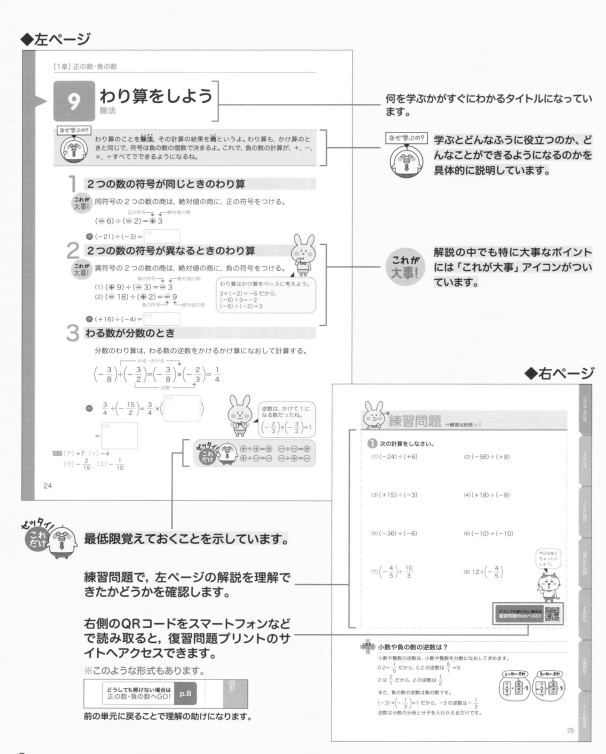

何を学ぶかがすぐにわかるタイトルになってい
ます。

学ぶとどんなふうに役立つのか，どんなことができるようになるのかを具体的に説明しています。

解説の中でも特に大事なポイントには「これが大事」アイコンがついています。

◆右ページ

最低限覚えておくことを示しています。

練習問題で，左ページの解説を理解できたかどうかを確認します。

右側のQRコードをスマートフォンなどで読み取ると，復習問題プリントのサイトへアクセスできます。

※このような形式もあります。

| どうしても解けない場合は
正の数・負の数へGO! | p.8 | |

前の単元に戻ることで理解の助けになります。

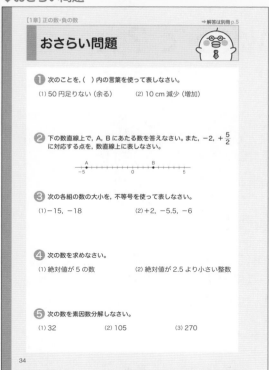

各章の最後には「おさらい問題」があります。問題を解くことで，章の内容を理解できているかどうかをしっかり確認できます。

各単元の「練習問題」や各章の「おさらい問題」の解答と解説が切り離して確認できます。

スタッフ

執筆協力	佐藤寿之
編集協力	有限会社編集室ビーライン
校正・校閲	山下聡　吉川貴子
	株式会社ぷれす
本文デザイン	TwoThree
カバーデザイン	及川真咲デザイン事務所（内津剛）
イラスト	福田真知子（熊アート）　高村あゆみ

1 0より小さい数って？

正の数・負の数

なぜ学ぶの？

負の数を使うことで, いろいろなことが数字で表せるようになるよ。テストの平均点との違いや, 買い物の損得, 気温などを表すのに便利だね。

1 数に符号をつけて表してみよう！

0より3大きい数は, **正の符号＋（プラス）** をつけて, ＋3と表せる。
0より9小さい数は, **負の符号－（マイナス）** をつけて, －9と表せる。
0より大きい数を**正の数**, 0より小さい数を**負の数**という。

例 次の数を, ＋, －の符号をつけて表しましょう。

[1] 0より10大きい数　[ア]

[2] 0より15小さい数　[イ]

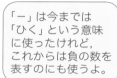

「－」は今までは
「ひく」という意味
に使ったけれど,
これからは負の数を
表すのにも使うよ。

2 反対の性質をもつ量を, 正の数, 負の数で表そう！

300円の利益を＋300円と表すとき, 200円の損失は－200円と表せる。
このように, 反対の性質をもった量は, 正の数, 負の数を使って表せる。

例 次の量を, 正の数, 負の数を使って表しましょう。

[1] 5才年上を＋5才と表すとき, 3才年下は,

[ウ]　　　才

[2] 今から1時間前を, －1時間と表すとき, 今から30分後は,

[エ]　　　分

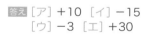

●0より小さい数には－をつける。
●負の数を使って反対の性質の量が表せる。

答え [ア] ＋10　[イ] －15
　　 [ウ] －3　[エ] ＋30

練習問題 →解答は別冊 p.2

① 次の数を正の符号（＋），負の符号（－）を使って表しなさい。

(1) 0 より 8 大きい数

(2) 0 より 6 小さい数

(3) 0 より $\frac{1}{3}$ 大きい数

(4) 0 より 4.2 小さい数

② 次の量を，負の数を使って表しなさい。

(1) 北へ 200 m 行くことを＋200 m と表すとき，
南へ 400 m 行くこと。

(2) 3 kg 重いことを＋3 kg と表すとき，
5 kg 軽いこと。

覚えた！

 「－5℃低い」って，どういうこと？

気温が昨日より 3℃高いことを，「低い」を使って表しましょう。
符号と性質を両方とも反対にすれば，同じ意味になるから，

答え　－3℃低い　　　－　　　低い
　　　　　　　↑　　　↑
　　　＋3℃高い

逆に考えて，「－5℃低い」は，「5℃高い」と同じです。

反対の性質の言葉…高い⇔低い，前⇔後，増加⇔減少，軽い⇔重い，など

正の数・負の数

文字と式

1次方程式

比例と反比例

平面図形

空間図形

データの活用

2 数の大きさを表そう
数の大小

なぜ学ぶの？

負の数の大きさを比べられるようになると，身近な数量がこれまで以上に比較できるよ。北海道などの寒い地域の冬の気温の変化のようすもわかるようになるね。

1 負の数を数直線で表してみよう！

これが大事！ 数直線上では，0 が対応している点を**原点**といい，0 より**左側が負の数**，**右側が正の数**。右に行くほど数が大きい。

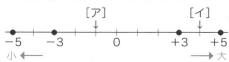

例 上の数直線上の点 [ア]，[イ] に対応する数を書きましょう。

[ア]　　　　　　　　[イ]

2 絶対値とは？

これが大事！ **絶対値**とは，ある数に対応する点と原点との距離のこと。その数から＋や－の符号をとったものに等しい。0 の絶対値は 0。
絶対値が 4 になる数は，－4 と＋4 の 2 つある。

絶対値は数の符号を取ったものだよ。－6 と＋6 の絶対値は両方とも 6 になるよ。

例 次の数の絶対値を答えましょう。

[1] ＋12　[ウ]　　　　　　[2] －7.5　[エ]

3 数の大小関係を不等号を使って表そう！

－5 は－3 より小さいので，　－5＜－3 または－3＞－5 と表す。

例 □ に不等号を入れて，次の数の大小関係を表しましょう。

[1] －4　[オ]　＋2　　　　[2] －1.5　[カ]　－3

ゼッタイ！これだけ
●負の数＜0＜正の数
●－（大きい数）＜－（小さい数）

答え [ア]－1 [イ]＋4 [ウ]12
[エ]7.5 [オ]＜ [カ]＞

正の数・負の数

文字と式

1次方程式

比例と反比例

平面図形

空間図形

データの活用

練習問題

→解答は別冊 p.2

❶ -4, $+1$, $-\dfrac{1}{2}$, $+2.5$ を数直線上に・で示しなさい。また，点A，Bに対応する数を答えなさい。

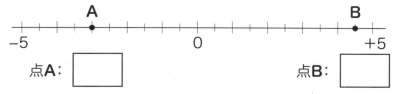

点A：□　　　　　　　　　　点B：□

❷ 次の問いに答えなさい。

(1) 次の数の絶対値を答えなさい。

$+7$　　　　　　　　-10　　　　　　　-4.1

[ア] □　　　　[イ] □　　　　[ウ] □

(2) 絶対値が $\dfrac{1}{3}$ の数を答えなさい。

□

がんばるぞ！

❸ 次の数の大小を不等号を使って表しなさい。

(1) $+1$, -2　　　(2) -7, -6　　　(3) -4, -2, -3

□　　　　　　　□　　　　　　　□

どうしても解けない場合は
正の数・負の数へGO!　p.8

これも！プラス **絶対値は0からの距離**

絶対値が3の整数を，数直線を見て答えましょう。

絶対値は0からの距離を意味します。
0から右方向に3離れているのは，$+3$
0から左方向に3離れているのは，-3

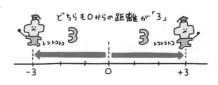

どちらも0からの距離が「3」

11

3 正の数と負の数のたし算をしよう
加法

なぜ学ぶの？

たし算のことを**加法**，その計算の結果を**和**というよ。負の数をふくむたし算ができると，貯金額の増減などの計算ができるね。

1 2つの数の符号が同じときのたし算

これが大事！

2数の絶対値の和に共通の符号をつける。

(正の数)＋(正の数)

$(＋3)＋(＋2)＝＋(3＋2)＝＋5$
　　　　　　└─同じ符号をつける。

(負の数)＋(負の数)

$(－3)＋(－2)＝－(3＋2)＝－5$
　　　　　　└─同じ符号をつける。

例 $(－6)＋(－1)＝$ [ア]　　$(6＋1)＝$ [イ]
　　　　　　　　　　└─符号

貯金が減ることを－で表すとき，貯金から 50 円と 80 円を使うと，$(－50)＋(－80)＝－130$ となるね。

2 2つの数の符号が異なるときのたし算

これが大事！

2数の絶対値の差（大－小）に，絶対値が大きいほうの数の符号をつける。

(正の数)＋(負の数)

$(＋5)＋(－2)＝＋(5－2)＝＋3$
　　　　　　　　↑
5と2では，5のほうが大きいので，＋5の符号＋をつける。

(負の数)＋(正の数)

$(－5)＋(＋2)＝－(5－2)＝－3$
　　　　　　　　↑
5と2では，5のほうが大きいので，－5の符号－をつける。

例 $(＋4)＋(－3)＝$ [ウ]　　$(4－3)＝$ [エ]
　　　　　　　　　　└─符号

ゼッタイ！これだけ　●たし算は，2つの数の符号が同じか異なるかで分けて考える！

答え [ア]－ [イ]－7
　　 [ウ]＋ [エ]＋1

練習問題 →解答は別冊 p.2

❶ 次の計算をしなさい。

(1) $(+5)+(+4)$　　　　　　(2) $(+7)+(+12)$

(3) $(-9)+(-3)$　　　　　　(4) $(-5)+(-8)$

❷ 次の計算をしなさい。

(1) $(+3)+(-1)$　　　　　　(2) $(+4)+(-9)$

(3) $(-4)+(+2)$　　　　　　(4) $(-6)+(+10)$

(5) $(+5)+(-5)$　　　　　　(6) $(-8)+(+8)$

なんとなくわかれば
OK。

どうしても解けない場合は
正の数・負の数へGO!　p.8

これも! プラス　右か左，どっちへ進む？

負の数をふくんだ加法がわからなくなったら，
数直線で考えましょう。
正の数はたした分だけ増えるので，右に進みます。
負の数は逆で，たした分だけ左に進みます。
たとえば，$(+5)+(-8)$ は，
0 から右に 5 進んで +5。
+5 から左に 8 進むと −3 です。

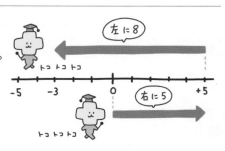

正の数・負の数

文字と式

1次方程式

比例と反比例

平面図形

空間図形

データの活用

4 正の数と負の数のひき算をしよう

減法

なぜ学ぶの?

ひき算のことを**減法**，その計算の結果を**差**というよ。ひき算は，たし算になおすと，計算がしやすくなるよ。

1 正の数をひこう！

これが大事! 正の数をひく計算は，ひく数の符号をかえてたすことと同じ。

(1) $(+3) - (+2) = (+3) + (-2) = +(3-2) = +1$

たし算にかえる
符号をかえる

(2) $(-3) - (+2) = (-3) + (-2) = -(3+2) = -5$

たし算にかえる
符号をかえる

たし算になおして考えよう。

例 $(+5) - (+2) = (+5) + ([ア] \quad) = [イ] \quad (5-2)$

$= [ウ] \quad$

2 負の数をひこう！

これが大事! 負の数をひく計算は，ひく数の符号をかえてたすことと同じ。

(1) $(+2) - (-5) = (+2) + (+5) = +(2+5) = +7$

たし算にかえる
符号をかえる

(2) $(-2) - (-5) = (-2) + (+5) = +(5-2) = +3$

たし算にかえる
符号をかえる

例 $(-8) - (-7) = (-8) + ([エ] \quad)$

$= [オ] \quad (8-7) = [カ] \quad$

ゼッタイ！これだけ

● $- (+■) = ● + (-■)$
● $- (-■) = ● + (+■)$

答え [ア] -2 [イ] $+$ [ウ] $+3$
[エ] $+7$ [オ] $-$ [カ] -1

14

練習問題 →解答は別冊 p.2

1 次の計算をしなさい。

(1) $(+4)-(+3)$

(2) $(+2)-(+5)$

(3) $(-2)-(+3)$

(4) $(+3)-(-2)$

(5) $(-7)-(-5)$

(6) $(-6)-(-10)$

(7) $(-8)-(-8)$

(8) $0-(-2)$

キミはがんばっている！！

どうしても解けない場合は
正の数・負の数へGO! **p.8**

 これも！プラス 0とのひき算

$0-(+3)$, $0-(-3)$ を計算しましょう。

$$0-(+3)=0+(-3)=-3$$
$$0-(-3)=0+(+3)=+3$$

上のように, 0からある数をひくと, 答えは
ひく数の符号をかえた数になります。
また, ある数から0をひくと, 答えはもとの数になります。

$$(+3)-0=+3 \qquad (-3)-0=-3$$

0からひくと… くるりん 符号が逆！

$0 - [+3]$ ⇒ $[-3]$

15

5 （ ）をとって計算しよう
かっこをはぶいた計算

なぜ学ぶの?

ここまでの計算は，加法の記号＋と（ ）をはぶいて，すっきりした式になおせるよ。書く量が減って，計算ミスをしにくくなるね。

1 式の項とは？

これが大事! 式の項は，加法の式になおしたときの，＋で結ばれたそれぞれの数のこと。

$$(+10)-(-7)=(+10)+(+7) \quad → \quad +10 と +7 が項$$
$$(+10)-(+7)=(+10)+(-7) \quad → \quad +10 と -7 が項$$
$$(-10)-(+7)=(-10)+(-7) \quad → \quad -10 と -7 が項$$

例 [1]$(-7)-(+3)=(-7)+($ [ア] $)$ だから，

項は，[イ]   と

[2]$(-6)-(-2)=(-6)+($ [ウ] $)$ だから，

項は [エ]   と

2 かっこをとって計算しよう！

これが大事! 加法の式に直すと，加法の＋と（ ）をとって計算できる。
また，式の最初の項が正の数のときは，正の符号＋をはぶくことができる。

$$(+10) - (-7) = (+10) + (+7)$$
$$=10+7$$
$$=17$$

＋と（ ）をとると，項だけを並べたすっきりした式になるね。

例 $(-7)-(-3)=(-7)+($ [オ] $)$

$=-7$ [カ]

$=$ [キ]

ゼッタイ！これだけ

●＋（＋■）＝●＋■
●＋（−■）＝●−■
●−（＋■）＝●−■
●−（−■）＝●＋■

答え [ア]−3 [イ]−7, −3 [ウ]＋2 [エ]−6, ＋2
[オ]＋3 [カ]＋3 [キ]−4

正の数・負の数

文字と式

1次方程式

比例と反比例

平面図形

空間図形

データの活用

練習問題 →解答は別冊 p.3

① 次の計算をしなさい。

(1) $(+10)+(+3)$

(2) $(+8)-(+6)$

(3) $(+3)+(-4)$

(4) $(+1)-(-7)$

(5) $(-5)+(-5)$

(6) $(-8)-(+9)$

(7) $(-6)+(+10)$

(8) $(-7)-(-3)$

いや〜うっかり★

どうしても解けない場合は
減法へGO! p.14

これも！
プラス

項は，符号もふくむ！

$(-4)-(-7)+(-2)-(+5)$ の項を答えましょう。

正負の数をならべた式になおすと
$-4+7-2-5$ となるから，

答え $-4, +7, -2, -5$

たし算だけの式になおすと，$(-4)+(+7)+(-2)+(-5)$
となり，項は（　）の中の数です。

17

6 たし算とひき算が混じっていたら
加減の混じった計算

なぜ学ぶの?

たし算とひき算が混じった式は，加法に直して計算すればいいよ。
正の項，負の項をそれぞれまとめると，計算が楽になるよ。

1 式を加法だけの式になおして計算しよう！

これが大事!

(1)　$(+5)-(-2)+(-1)$　減法を加法になおす。
$=(+5)+(+2)+(-1)$　（ ）や+，はじめの+の符号をとる。
$=5+2-1$　正の項を計算する。
$=7-1$
$=6$

(2)　$(-4)-(-3)+(-8)-(-2)$　減法を加法になおす。
$=(-4)+(+3)+(-8)+(+2)$　（ ）や+をとる。
$=-4+3-8+2$　正の項，負の項をそれぞれまとめる。
$=3+2-(4+8)$
$=5-12=-7$

ひき算は苦手な人が多いよね。ひく回数をなるべく少なくしよう。

例　$(+7)+(-9)-(+4)-(-8)=7-9$ [ア]____ 4 [イ]____ 8
$=(7+$ [ウ]____$)-(9+$ [エ]____$)=$ [オ]____

2 くふうして計算しよう！

$-12+9-6+3=\underline{9}+3-\underline{12}-6=(12-12)-6=-6$

例　$6-9-14+8=(6+8)-$ [カ]____ $-$ [キ]____
$=$ [ク]____

ゼッタイ！これだけ

加減の混じった式の計算
● 正の項どうし，負の項どうしをまとめて計算する。
● たす順序をくふうして，計算が簡単にできないか考える。

答え [ア] − [イ] + [ウ] 8 [エ] 4 [オ] 2
[カ] 9 (14) [キ] 14 (9) [ク] −9

練習問題 →解答は別冊 p.3

1 次の計算をしなさい。

(1) $(+4)-(-2)+(-3)$

(2) $(-8)+(+5)-(+2)$

(3) $9-6+7$

(4) $-10+1-4$

(5) $-15+7+15$

(6) $48-63+2$

(7) $-2+3-(-8)-4$

(8) $6-11+4-3-2$

わかった～！

どうしても解けない場合は
減法へGO！　p.14

**これも！
プラス**

プラスマイナス0になる数を見つけよう

$(-10)+(-6)-(-8)-(-10)$ の計算を簡単にしてみましょう。

$(-10)+(-6)-(-8)-(-10)$
$=(-10)+(-6)+(+8)+(+10)$ ← 加法になおす。
$=(-10)+(+10)+(-6)+(+8)$ ← +10を前に移動する。
$=0-6+8$ ← $-10+10=0$
$=2$

消しちゃえ

ゼロ！
0

加法だけの式になおしたとき，絶対値が同じで符号が異なる2数が
ある場合は，項を入れかえて先にその計算をすると，計算が簡単になります。

正の数・負の数

文字と式

1次方程式

比例と反比例

平面図形

空間図形

データの活用

7 負の数をかけるとどうなるの？

乗法①

なぜ学ぶの？

かけ算のことを**乗法**，その計算の結果を**積**というよ。負の数のかけ算をしっかりマスターして，計算の幅を広げよう。正の数のかけ算と違うのは，符号を考えることだけだよ。

1 2つの数の符号が同じときのかけ算

これが大事！ 同符号の2つの数の積は，絶対値の積に，正の符号をつける。

正の符号 → ← 絶対値の積
(1) $(+3) \times (+2) = +6$
(2) $(-3) \times (-2) = +6$
正の符号 ↑ ↑ 絶対値の積

例 [1] $(+4) \times (+5) =$ ［ア］

[2] $(-7) \times (-9) =$ ［イ］

2 2つの数の符号が異なるときのかけ算

これが大事！ 異符号の2つの数の積は，絶対値の積に，負の符号をつける。

負の符号 → ← 絶対値の積
(1) $(+3) \times (-2) = -6$
(2) $(-3) \times (+2) = -6$
負の符号 ↑ ↑ 絶対値の積

例 [1] $(+5) \times (-8) =$ ［ウ］

[2] $(-3) \times (+6) =$ ［エ］

> 同じ符号の数の積は正の数，異なる符号の数の積は負の数と覚えよう。

答え ［ア］+20 ［イ］+63
［ウ］−40 ［エ］−18

ゼッタイ！ これだけ $\oplus \times \oplus = \oplus$　$\ominus \times \ominus = \oplus$
$\oplus \times \ominus = \ominus$　$\ominus \times \oplus = \ominus$

正の数・負の数

文字と式

1次方程式

比例と反比例

平面図形

空間図形

データの活用

練習問題 →解答は別冊 p.3

❶ 次の計算をしなさい。（答えの＋ははぶいてよい）

(1)（＋2）×（＋8）

(2)（＋10）×（＋3）

(3)（－3）×（－3）

(4)（－4）×（－7）

(5)（－6）×（＋8）

(6)（－15）×（＋4）

(7)（＋5）×（－6）

(8)（＋7）×（－3）

もしかして天才！？

0や＋1，－1との積

0との積や，＋1，－1との積を考えてみましょう。

・0との積は0　　　　　10×0＝0，　0×（－8）＝0
・1との積はもとの数　　1×6＝6，　　（－8）×1＝－8
・－1との積はもとの数の符号をかえた数
　（－1）×5＝－5，　4×（－1）＝－4

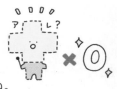

□×0は□を0回たすこと，0×□は0を□回たすことと同じですね。

8 3つ以上の数のかけ算をしよう

乗法②

なぜ学ぶの?
積の符号は負の数を何回かけるかで決まるよ。同じ数を複数回かけたものを**累乗**という。累乗を使うと，式を短く書けるね。

1 かけ算の式に負の数があったら

これが大事! 負の数の個数が偶数個のとき→積の符号は＋になる。
負の数の個数が奇数個のとき→積の符号は－になる。

$2×4×5×3＝120$ ←負の数0個
$－2×4×5×3＝－120$ ←負の数1個
$－2×4×(－5)×3＝120$ ←負の数2個
$－2×4×(－5)×(－3)＝－120$ ←負の数3個
$－2×(－4)×(－5)×(－3)＝120$ ←負の数4個

例 [1] $2×(－5)×8＝$ [ア]▢

[2] $(－3)×(－5)×6×(－1)＝$ [イ]▢

2 累乗の計算

これが大事! 同じ数をいくつかかけたものを，その数の**累乗**といい，
かけた個数を**指数**という。

指数（かけ合わせた個数）
$2×2×2$ は 2^3 と書き，2の**3乗**と読む。

$2^3＝2×2×2＝8$
$(－2)^2＝(－2)×(－2)＝4$
$－2^2＝－(2×2)＝－4$

> **累乗の計算の不思議**
> $9^2－8^2＝9＋8$
> $8^2－7^2＝8＋7$
> ⋮
> $3^2－2^2＝3＋2$
> $2^2－1^2＝2＋1$
> になるよ。

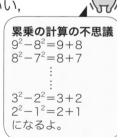

例 [1] $(－3)^2＝$ [ウ]▢   [2] $－3^2＝$ [エ]▢

ゼッタイ！これだけ
積の符号
●負の数が偶数個→＋   ●負の数が奇数個→－
●$(－▢)^2$ →＋   ●$－▢^2$ →－

答え [ア] $－80$ [イ] $－90$
[ウ] 9 [エ] $－9$

練習問題 →解答は別冊 p.3

① 次の計算をしなさい。

(1) $5 \times (-3) \times (-2)$

(2) $(-7) \times (-4) \times (-8)$

(3) $(-9) \times 3 \times 5$

(4) $(-12) \times (-8) \times 0$

(5) $5 \times (-2)^2 \times (-6)$

(6) $8 \times (-3^2) \times 2$

(7) $6 \times (-1^4) \times (-2)^3$

(8) $(2 \times 3)^2$

ちょっと疲れた。

どうしても解けない場合は
乗法①へGO！　p.20

これも！プラス 計算を簡単に！

かけ算が多い計算は，まず全体を見て，くふうして簡単にできないか
考えましょう。

$$2^4 \times 5^4 = (2 \times 2 \times 2 \times 2) \times (5 \times 5 \times 5 \times 5)$$
$$= (2 \times 5) \times (2 \times 5) \times (2 \times 5) \times (2 \times 5)$$
$$= (2 \times 5)^4 = 10^4 = 10000$$

また，$2^4 \times 5^5 = (2 \times 5)^4 \times 5 = 10000 \times 5 = 50000$

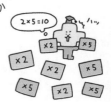

正の数・負の数

文字と式

1次方程式

比例と反比例

平面図形

空間図形

データの活用

9 わり算をしよう

除法

なぜ学ぶの？

わり算のことを**除法**，その計算の結果を**商**というよ。わり算も，かけ算のときと同じで，符号は負の数の個数で決まるよ。これで，負の数の計算が，＋，－，×，÷すべてでできるようになるね。

1 2つの数の符号が同じときのわり算

これが大事！ 同符号の2つの数の商は，絶対値の商に，正の符号をつける。

正の符号 ← → 絶対値の商

$$(-6) \div (-2) = +3$$

例 $(-21) \div (-3) = $ [ア] ⬚

2 2つの数の符号が異なるときのわり算

これが大事！ 異符号の2つの数の商は，絶対値の商に，負の符号をつける。

負の符号 ← → 絶対値の商

(1) $(+9) \div (-3) = -3$

(2) $(-18) \div (+2) = -9$

負の符号 ← → 絶対値の商

> わり算はかけ算をベースに考えよう。
> $3 \times (-2) = -6$ だから，
> $(-6) \div 3 = -2$
> $(-6) \div (-2) = 3$

例 $(+16) \div (-4) = $ [イ] ⬚

3 わる数が分数のとき

分数のわり算は，わる数の逆数をかけるかけ算になおして計算する。

わる→かける

$$\left(-\frac{3}{8}\right) \div \left(-\frac{3}{2}\right) = \left(-\frac{3}{8}\right) \times \left(-\frac{2}{3}\right) = \frac{1}{4}$$

逆数

例 $\dfrac{3}{4} \div \left(-\dfrac{15}{2}\right) = \dfrac{3}{4} \times \left(\right)$ [ウ]

$= $ [エ] ⬚

> 逆数は，かけて1になる数だったね。
> $\left(-\dfrac{2}{3}\right) \times \left(-\dfrac{3}{2}\right) = 1$

ゼッタイ これだけ

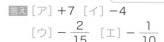

＋÷＋＝＋　　－÷－＝＋
＋÷－＝－　　－÷＋＝－

答え [ア] ＋7　[イ] －4
　　[ウ] $-\dfrac{2}{15}$　[エ] $-\dfrac{1}{10}$

24

練習問題 →解答は別冊 p.4

1 次の計算をしなさい。

(1) $(-24) \div (+6)$

(2) $(-56) \div (+8)$

(3) $(+15) \div (-3)$

(4) $(+18) \div (-9)$

(5) $(-36) \div (-6)$

(6) $(-10) \div (-10)$

(7) $\left(-\dfrac{4}{5}\right) \div \dfrac{10}{3}$

(8) $12 \div \left(-\dfrac{4}{5}\right)$

今日はあと
ちょっとに
しよう。

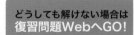どうしても解けない場合は
復習問題WebへGO！

 小数や負の数の逆数は？

小数や整数の逆数は，小数や整数を分数になおして求めます。

$0.2 = \dfrac{1}{5}$ だから，0.2 の逆数は $\dfrac{5}{1} = 5$

2 は $\dfrac{2}{1}$ だから，2 の逆数は $\dfrac{1}{2}$

また，負の数の逆数は負の数です。

$(-3) \times \left(-\dfrac{1}{3}\right) = 1$ だから，-3 の逆数は $-\dfrac{1}{3}$

逆数は分数の分母と分子を入れかえるだけです。

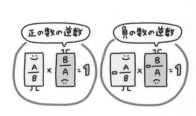

正の数・負の数

文字と式

1次方程式

比例と反比例

平面図形

空間図形

データの活用

10 かけ算とわり算が混じっていたら

乗除の混じった計算

なぜ学ぶの?

わり算が苦手な人も大丈夫！　わり算は, かけ算になおせるよ。かけ算だけの式になおして計算しよう。

1 わり算をかけ算に直そう

かけ算とわり算の混じった式では, かけ算だけの式にすれば, 計算の順序をかえられる。

$$24 \div (-4) \times 2 = (-6) \times 2$$
$$= -12$$

> まず, 負の数の個数から積の符号を決めてしまおう。

かけ算だけの式になおすと,

$$24 \times \left(-\frac{1}{4}\right) \times 2 = -\left(\overset{6}{24} \times \frac{1}{\underset{1}{4}} \times 2\right)$$
$$= -12$$

注意 -4×2 を先に計算すると, $24 \div (-8) = -3$ となり, まちがい。

例 [1]　$6 \div \left(-\frac{3}{5}\right) \div (-2) = 6 \times \left(\boxed{}\right) \times \left(\boxed{}\right)$

$$= \boxed{}$$

[2]　$\left(-\frac{1}{2}\right) \div \left(-\frac{3}{4}\right) \times (-6)$

$$= \left(-\frac{1}{2}\right) \times \left(\boxed{}\right) \times \left(\boxed{}\right)$$

$$= \boxed{}$$

答え [ア] $-\frac{5}{3}$　[イ] $-\frac{1}{2}$　[ウ] 5

[エ] $-\frac{4}{3}$　[オ] -6　[カ] -4

ゼッタイこれだけ かけ算とわり算の混じった式は, かけ算だけの式になおす。負の数の個数から積の符号を決めて計算する。

練習問題 →解答は別冊 p.4

❶ 次の計算をしなさい。

(1) $(-6) \div 3 \times (-2)$

(2) $(-10) \div (-5) \times (-4)$

(3) $8 \times (-5) \div 10$

(4) $(-7) \times 9 \div (-3)$

(5) $(-4) \div (-6) \times 2$

(6) $(-8) \div \dfrac{2}{3} \times (-3)$

(7) $\dfrac{1}{4} \div \left(-\dfrac{3}{2}\right) \times (-3)$

(8) $\dfrac{7}{8} \div \dfrac{1}{4} \div \left(-\dfrac{1}{2}\right)$

今度こそ！

どうしても解けない場合は
除法へGO! **p.24**

これも！プラス **小数のわり算は？**

小数でわるときは，まず小数を分数になおしてから，
乗法にかえます。

$$-3 \div 0.7 = -3 \div \dfrac{7}{10} = -3 \times \dfrac{10}{7} = -\dfrac{30}{7}$$

$0.2 = \dfrac{1}{5}$, $0.5 = \dfrac{1}{2}$, $0.25 = \dfrac{1}{4}$, $0.75 = \dfrac{3}{4}$ などを
覚えておくと便利です。

正の数・負の数

文字と式

1次方程式

比例と反比例

平面図形

空間図形

データの活用

11 ＋，－，×，÷が混じった式の計算

いろいろな計算

なぜ学ぶの？

加法，減法，乗法，除法をまとめて**四則**というよ。四則や，（　）の混じった式の計算ができると，いろいろな計算ができるようになるよ。友達と遊園地などで使う費用も計算できるね。

1 ＋，－，×，÷の混じった式

これが大事！

①かけ算とわり算，②たし算とひき算 の順に計算する。

(1)　$5+(-16)\div4$　←先にわり算
　　$=5+(-4)$
　　$=1$

正負の数になっても，計算のきまりは今までと同じだよ。

(2)　$(-9)\div3+5\times(-4)$　←先にわり算とかけ算
　　$=-3+(-20)$
　　$=-23$

2 累乗や（　）のある式

①累乗と（　）の中，②かけ算とわり算，③たし算とひき算 の順に計算する。

　　$(-4)+(8-3)\times2^2$　←先に（　）の中と累乗
　$=-4+5\times4$　←次にかけ算
　$=-4+20=16$

例 下の計算の①，②，③で，最初に計算するのは [　　　　]

$$5\times(-3)\overset{②}{\underset{①}{}}-20\div(-2)$$

$$\underset{①}{\underline{5\times(-3)}}\overset{②}{-}\underset{③}{\underline{20\div(-2)}}$$

ゼッタイ！これだけ

四則が混じった計算をするときの順序
①累乗と（　）の中
②かけ算とわり算
③たし算とひき算

答え ①と③

正の数・負の数

文字と式

1次方程式

比例と反比例

平面図形

空間図形

データの活用

練習問題 →解答は別冊 p.4

❶ 次の計算をしなさい。

(1) $-5+7 \times (-3)$

(2) $6+24 \div 6 + (-2)$

(3) $-4 \times 8 - 5 \times (-2)$

(4) $(-81) \div 9 - 6 \times (-2)$

(5) $8 \times (-3+4 \times 2)$

(6) $4 \times (-2+5) + (-14) \div (-7)$

(7) $6 \times (-4) - 2 \times (-3^2)$

(8) $(-2)^2 - (9-6^2 \div 3)$

ひと休みしよう。

どうしても解けない場合は
復習問題WebへGO！

四則計算もくふうしよう！

面倒な計算をくふうして簡単にすることで，テストのときに時間を節約することができ，ミスも減ります。分配法則を活用しましょう。

分配法則：$(a+b) \times c = a \times c + b \times c$
$a \times b + a \times c = a \times (b+c)$

同じものは
まとめよう

(1) $\left(\dfrac{1}{12} + \dfrac{3}{8} \right) \times (-48) = -\left(\dfrac{1}{12} \times \overset{4}{\underset{1}{48}} + \dfrac{3}{8} \times \overset{6}{\underset{1}{48}} \right)$
　　　　　約分できそう
$= -(4+18) = -22$

(2) $(-8) \times 26 + 8 \times 56 = 8 \times (-26+56) = 8 \times 30 = 240$
　　8でまとめられそう

29

12 数を仲間分けしよう

数の分類, 素因数分解

なぜ学ぶの?

数にもいろいろな個性があるよ。個性ごとに数をグループ分けすると, どう分類されるかな? **自然数**ということばは, 数の性質を使った問題を解くときに重要になるので, 整数とのちがいをしっかりおさえておこう。

1 数の仲間のグループ分け

正の整数のことを**自然数**という。

数は, 大きく右のように分けられる。
整数全体の集まりを**整数の集合**, 自然数全体の集まりを**自然数の集合**という。

自然数どうしのたし算やかけ算の結果は自然数になるが, 自然数どうしのわり算やひき算の結果は自然数にならない場合もある。このとき, 負の数や分数や小数が活躍する。

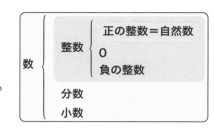

（例）次のうち, 答えが自然数の集合の範囲にふくまれるものはどれでしょう。

① 4×7　② $15 \div 6$　③ $3 - 8$　④ $7 + 9$

[ア]

2 素数とは?

これが大事! **1 とその数以外に約数のない自然数を素数という。**
1 は素数にはふくめない。
10 以下の素数は, 2, 3, 5, 7 の 4 つだけ。

（例）次の数のうち, 素数はどれでしょう。

① 0　② 13　③ 21　④ 37

[イ]

約数を見つける裏技
・3 でわれる数は,
各位の数の和が 3
の倍数
$222 = 3 \times 74$
・4 でわれる数は,
下 2 けたが 4 の倍数
$536 = 4 \times 134$
・9 でわれる数は,
各位の数の和が 9
の倍数
$522 = 9 \times 58$

3 素因数分解とは?

これが大事! **自然数を素数だけの積で表すことを, 素因数分解するという。**
42, 36 を素因数分解すると,
$42 = 2 \times 3 \times 7$　　$36 = 2^2 \times 3^2$

（例）60 を素因数分解しましょう。

[ウ]

●素数は, 1 とその数以外に約数がない。
●素因数分解は, 素数だけの積で表す。

答え [ア] ①, ④　[イ] ②, ④　[ウ] $2^2 \times 3 \times 5$

正の数・負の数

文字と式

1次方程式

比例と反比例

平面図形

空間図形

データの活用

練習問題 →解答は別冊 p.5

① 右の表で，それぞれの数の範囲で，計算の答えが必ず同じ集合の範囲にふくまれるものには○を書きなさい。0 でわる場合は考えません。

計算 範囲	加法	減法	乗法	除法
自然数				
整数				
分数				

② 10 以上 30 以下の素数をすべて求めなさい。

③ 次の数を素因数分解しなさい。

(1) 84

(2) 108

(3) 162

(4) 900

ガンバレ！自分！

どうしても解けない場合は
復習問題WebへGO！

これも！プラス **素因数分解の利用**

120 にできるだけ小さな数をかけて，ある数の 2 乗にするには，いくつをかければよいでしょうか。

式　$120 = 2^3 \times 3 \times 5$
　　　$= 2^2 \times (2 \times 3 \times 5)$
　　　$= 2^2 \times 30$

答え　30

2 乗の数をつくるには，素因数分解したときにそれぞれの数が偶数乗になるようにします。

同じセットを2つつくろう！

13 正負の数を利用して問題を解こう

正負の数の文章題

  なぜ学ぶの?

基準を決めて基準との差を正負の数で表せば、平均を求めるのが簡単になり、計算の時間が短縮できるよ。

1 基準との差

下の表は、A さんの 5 教科のテストの得点を、数学の得点を基準にして、それより高い場合を正の数、低い場合を負の数で表している。

教科	数学	国語	英語	理科	社会
数学との差 (点)	0	+8	−6	−4	+12

(1) いちばん高い得点といちばん低い得点の差は、
(式) 12−(−6)=18 (点)　　　　(答え) 18 点

(2) 英語の得点が 80 点のとき、社会の得点は、
(式) 80+(6+12)=98 (点)　　　　(答え) 98 点

これが大事! (3) 数学の得点が 80 点のとき、5 教科の総得点を求める。
(式) 数学との差の合計が
(0+8−6−4+12)=10 (点) なので、
80×5+10 =410 (点)　　(答え) 410 点
└→数学の得点を基準にする。

> (3) は、基準との差を使えば、80+88+74+76+92 を計算するよりラクだね

これが大事! (4) 数学の得点が 85 点のとき、5 教科の平均点を求める。
(式) 数学との差の合計は、(3)より 10 点なので、
5 教科の合計点は 85×5+10=435 (点)
5 教科の平均点は 435÷5 =87　　(答え) 87 点

例 [1] 数学の得点が 80 点のとき、理科の得点は、[ア]　　点。

[2] 理科の得点は、国語の得点より [イ]　　点低い。

 ゼッタイ! これだけ　基準との差で表されているときは、基準に差をたしてそれぞれの値を求める。

答え [ア] 76 [イ] 12

練習問題 →解答は別冊 p.5

① 下の表は，ある1週間の正午の気温を，水曜日の気温を基準にしてそれより高い場合を＋，低い場合を－で表したものです。
あとの問いに答えなさい。

曜日	日	月	火	水	木	金	土
水曜日との差 (℃)	＋2	＋3	－2	＋0	－3	＋1	－1

(1) 気温がいちばん高かったのは，何曜日ですか。

(2) 気温がいちばん低かったのは，何曜日ですか。

(3) 水曜日が18℃のとき，日曜日の気温は何度ですか。

(4) 日曜日の気温が20℃のとき，この週の平均気温は何度ですか。

 そういうことね。

どうしても解けない場合は
正の数・負の数へGO！ p.8

これも！プラス ## 平均点の求め方　その2

左ページの問題 (4) で，5教科の平均点を別の方法で求めてみましょう。
差の合計は10点なので，差の平均は，

$$10 \div 5 = 2 \text{（点）}$$

これに基準の点をたせば，平均点が求められます。

$$85 + 2 = 87 \text{（点）}$$

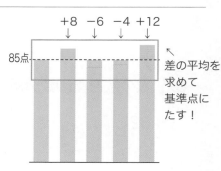

差の平均を
求めて
基準点に
たす！

おさらい問題

❶ 次のことを,( )内の言葉を使って表しなさい。

(1) 50 円足りない(余る)   (2) 10 cm 減少(増加)

❷ 下の数直線上で,A,B にあたる数を答えなさい。また,-2,$+\dfrac{5}{2}$ に対応する点を,数直線上に表しなさい。

❸ 次の各組の数の大小を,不等号を使って表しなさい。

(1) -15,-18 (2) $+2$,-5.5,-6

❹ 次の数を求めなさい。

(1) 絶対値が 5 の数   (2) 絶対値が 2.5 より小さい整数

❺ 次の数を素因数分解しなさい。

(1) 32   (2) 105   (3) 270

❻ 次の計算をしなさい。

(1) $(-4)+(-8)$

(2) $(+9)+(-3)$

(3) $(-2)-(+5)$

(4) $(-3)-(-7)$

(5) $(+6)+(-2)-(-9)$

(6) $12-5+7-14$

❼ 次の計算をしなさい。

(1) $(-3)\times(-8)$

(2) $(-5)\times(-4)\times(-8)$

(3) $-3^2\times(-2)^2$

(4) $(-48)\div(+6)$

(5) $(-72)\div(-3)\div6$

(6) $(-2^2)-(-5)\times9$

❽ 1年1組のA, B, C, D, Eの5人の数学の得点を, 75点を基準にして, それより得点の高い場合を＋, 低い場合を－として表すと, ＋12点, 0点, －4点, －10点, ＋18点になりました。5人の平均点を求めなさい。

正の数・負の数

文字と式

1次方程式

比例と反比例

平面図形

空間図形

データの活用

14 文字を使って表そう
数量の表し方

なぜ学ぶの？

数式に文字を使うことで，1つの数式でいろいろな場面に対応できるよ。
同じ計算を何度もする必要がなくなって，とっても便利なんだ。

1 文字式とは？

> 文字を数字の代わりに使うんだね。

これが大事！ 50円の品物 a 個の代金は，

$$50 \times a \text{（円）}$$

と表せる。このように**文字を使って表される式**を**文字式**という。

 1袋 2 kg のお米 x 袋分の重さは [ア]____ (kg)

2 文字式をつくってみよう！

(1) 長さ x cm のテープ 10 本分の長さの合計は，

$$x \times 10 \text{（cm）}$$

(2) 分速 60 m で b m 歩いたときにかかる時間は，

$$b \div 60 \text{（分）}$$

例 [1] 1 辺の長さが a cm の正方形の周りの長さは，

[イ]____ (cm)

a cm

a cm

[2] 時速 45 km で y km 走ったときにかかる時間は，

[ウ]____ (時間)

答え [ア] $2 \times x$ [イ] $a \times 4$
[ウ] $y \div 45$

ゼッタイ！これだけ ●文字式のたて方がわからないときは，文字を数字に置きかえて考える。

正の数・負の数

文字と式

1次方程式

比例と反比例

平面図形

空間図形

データの活用

練習問題 →解答は別冊 p.6

① 次の数量を文字式で表しなさい。

(1) 縦が 12 cm, 横が a cm の長方形の面積

$$\boxed{}$$ (cm²)

(2) 1 箱 x 個入りのチョコレート 4 箱分のチョコレートの数

$$\boxed{}$$ (個)

(3) 長さ b cm のリボンを 3 等分したときの 1 本分の長さ

$$\boxed{}$$ (cm)

(4) 1 回目のテストで x 点, 2 回目のテストで y 点だったとき, 2 回分の
テストの平均点

$$\boxed{}$$ (点)

(5) 1 本 a 円のえんぴつを 6 本, 1 冊 b 円のノートを 2 冊買ったときの代
金の合計

$$\boxed{}$$ (円)

(6) 一の位の数が 5, 十の位の数が x である 2 けたの自然数

$$\boxed{}$$

わかったもんね〜！

これも！プラス 文字は数を代表しているよ

1 個の重さが 5 g のクッキーがたくさんあるとき, 30 g では
何個あるか, 50 g では何個あるかは, 30÷5 や 50÷5 でわ
かります。
x g あるときの個数を求める式は,

答え $x÷5$

全部で何個あるかは, 式の x に重さをあてはめればわかります。

15 文字の式のルール
文字式の表し方のきまり

なぜ学ぶの？

文字式はきまりにしたがって，×や÷の記号をはぶいて書くんだよ。きまりを覚えないと計算をまちがえることもあるから，ここでしっかり覚えよう。

1 かけ算の表し方

これが大事！

(1) 乗法の記号×をはぶく。
$$50 \times a = 50\,a$$
(2) 数と文字の積では，数を先に書く。
$$a \times 4 = 4\,a$$
(3) 同じ文字の積は，累乗の形で書く。
$$a \times a \times a = a^3$$
(4) 文字と文字の積では，アルファベット順に書く。
$$b \times a = ab$$
(5) 1 をはぶく。
$$1 \times a = a$$
$$(-1) \times b = -b$$

文字を使うと
×と÷がはぶけて，
すっきり表せるね。

例 $y \times x \times x \times z \times 5$ を文字式の表し方にしたがって書くと，

[ア]

2 わり算の表し方

これが大事！

除法の記号÷を使わず，分数の形で書く。

$$a \div b = \frac{a}{b}$$

例 $(x+y) \div 3$ を文字式の表し方にしたがって書くと，

[イ]

●×は省略，÷は分数にする。
●たし算の＋，ひき算の−は，はぶけない。

答え [ア] $5x^2yz$　[イ] $\dfrac{x+y}{3}$

練習問題 →解答は別冊 p.6

❶ 次の式を，文字式の表し方のきまりにしたがって書きなさい。

(1) $7 \times a$

(2) $x \times (-8)$

(3) $\dfrac{1}{4} \times b$

(4) $y \times 0.3$

(5) $a \times a \times 5$

(6) $y \times x \times (-9)$

(7) $b \times 1$

(8) $-0.1 \times x$

(9) $a \times 4 - 7 \times b$

(10) $(x+y) \times (-2)$

(11) $a \div 3$

(12) $(x+y) \div 2$

ここまで終わったら
おやつにしよっと。

どうしても解けない場合は
数量の表し方へGO！ p.36

これも！プラス 隠れている記号は何かな

$5(a+b) - \dfrac{c}{3}$ を，記号×，÷を使って表しましょう。

数字と文字，文字と文字がつながっているところに
×の記号を入れます。分数は÷にかえます。

答え $5 \times (a+b) - c \div 3$

隠れているのは
×と÷
だけだよ

16 文字は数の代わり
式の値

なぜ学ぶの?
文字式の文字にはいろいろな数をあてはめられるから，1つの式でいくつもの計算ができるよ。1個の値段が変わったときの代金の合計を計算することもできるね。

1 代入って何？

文字を数に置きかえることを，**文字に数を代入**するといい，代入して求めた結果を**式の値**という。

これが大事!

(1) $x=5$ のときの式 $8x+1$ の値を求める。
$8x+1=8 \times x+1$ だから，

$x=5$を代入する（xを5に置きかえる）

$8x+1=8 \times 5+1$
$=40+1$
$=41$

代入は，文字と数を入れかえればいいんだよ。

取る
$8 \times (\;x\;+1)$
数を入れる

よって，$x=5$ のときの式 $8x+1$ の値は 41

(2) $x=-2$ のときの式 x^2 の値を求める。

$x=-2$を代入する

$x^2=(-2)^2=4$

よって，$x=-2$ のときの式 x^2 の値は 4

例 [1] $x=-4$ のときの $8x+1$ の値は，

$8x+1=8 \times ($ [ア] $)+1=$ [イ] $+1=$ [ウ]

[2] $x=-3$ のときの $-x^2$ の値は，

$-x^2=-($ [エ] $)^2=-$ [オ] $=$ [カ]

ゼッタイ これだけ
● 「代入」は文字を数に置きかえること。
● 式の値は代入して求める。

正の数・負の数

文字と式

１次方程式

比例と反比例

平面図形

空間図形

データの活用

練習問題 →解答は別冊 p.6

❶ $x=2$ のとき，次の式の値を求めなさい。

(1) $5x$

(2) $x-6$

(3) $10-3x$

(4) $\dfrac{x+3}{2}$

❷ $a=-3$ のとき，次の式の値を求めなさい。

(1) $-a+1$

(2) a^2

(3) $0.2a$

(4) $2(a+5)$

ちょっと
がんばりすぎた。

これも!
プラス
文字が2つになったら？

$x=-2$，$y=3$ のとき，$-2x+y^2$ の値を求めましょう。

$$-2x+y^2=-2\times(-2)+3^2=13$$ 答え 13

文字が2つになっても，やり方は同じです。x に -2 を，y に 3 を代入します。代入する数字を逆にすると答えが変わってしまうので，代入のまちがいがないように，落ち着いて取り組みましょう。

逆にしちゃ
ダメ！

これは
こっちだね

17 同じ文字の項でまとめよう
項と係数

なぜ学ぶの？

1つの式の中に同じ文字があるときは，同じ文字どうしでまとめると，たし算，ひき算ができるよ。

1 項と係数とは？

式を加法（たし算）だけの式になおしたときの，＋で結ばれたそれぞれを**項**，文字の項の数の部分を**係数**という。

$4x-2y+7$ は，$4x+(-2y)+7$ と書けるから，

$$\underset{\substack{\uparrow \\ x \text{ の係数}}}{4x}+\underset{\substack{\uparrow \\ y \text{ の係数}}}{(-2y)}+\underset{}{7}$$
項　　　項　　　項

$x=1×x$ だから
x の係数は1，
$-y=-1×y$ だから$-y$ の係数は-1 だよ。

例 $3a-b+5$ の項は [ア]⬚

a の係数は [イ]⬚ ，b の係数は [ウ]⬚

2 文字の部分が同じ項をまとめよう！

これが大事！

$5a+3b-7a$ を簡単にしよう。

$5a$ と$-7a$ は，文字の部分が同じ項なので，係数を計算してまとめることができる。

$5a+3b-7a=\boxed{5a-7a}+3b$ ← 文字が a の項をまとめる。

$=(5-7)a+3b$ ← 係数を計算する。

$=-2a+3b$

項の順番をかえてまとめよう。

例 $4a-3b+5+b$ で，文字が同じ項をまとめると，

$4a-3b+5+b$

$=4a-3b+b+5$

$=4a+($ [エ]⬚ $)b+5$

$=$ [オ]⬚

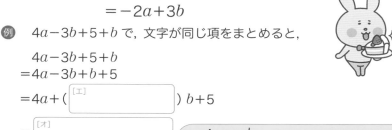

ゼッタイ！これだけ

● 文字が同じ項はまとめられる！
● 係数どうしを計算してまとめる！

答え [ア] $3a$，$-b$，5 [イ] 3 [ウ] -1
[エ] $-3+1$ [オ] $4a-2b+5$

練習問題 →解答は別冊 p.7

❶ 次の式の項と，文字をふくむ項の係数を答えなさい。

(1) $-3x-8$

(2) $2a+b-5$

(3) $\dfrac{x}{2}-\dfrac{3}{5}y+4$

(4) $-1+8x-6x^2$

❷ 次の計算をしなさい。

(1) $3a+5a$

(2) $7x-x$

(3) $-8-8a-2a$

(4) $2b+4+6b$

(5) $4-3x-7+3x$

(6) $-6x+10+8x-5$

次のページも
やろっかな。

これも！プラス 文字の係数の意味は？

$5a$ は，$5\times a$ だから，a が 5 個あることです。
$3a$ は，$3\times a$ だから，a が 3 個あることです。
$5a+3a$ は a が $5+3=8$ 個あるから，$8a$ になります。

$5a+8b$ のような式は，a と b は違うものなので，まとめることはできません。
x^2+x も，まとめられません。

正の数・負の数

文字と式

1次方程式

比例と反比例

平面図形

空間図形

データの活用

18 文字式どうしのたし算・ひき算
文字式の加法・減法

なぜ学ぶの？

同じ文字をふくむ式は，文字の項と数の項に分けて，たしたりひいたりできるよ。同じ文字の項をまとめればすっきりするね。

1 文字式どうしのたし算

これが大事！

$3x+1$ と $2x-5$ の和を考えよう。

$$3x+1 + (2x-5)$$
$$=3x+1+2x-5$$
$$=3x+2x+1-5$$
$$=5x-4$$

文字式のたし算ひき算では，まずかっこをはずし，項を並べかえよう！

例　$4a-2+(6a-9)$

$=4a-2\boxed{[ア]}\ 6a\boxed{[イ]}\ 9$

$=4a\boxed{[ア]}\ 6a-2\boxed{[イ]}\ 9$

$=\boxed{[ウ]}\ a-\boxed{[エ]}$

2 かっこのある文字式のひき算

これが大事！

$3x+8$ と $2x-5$ の差を考えよう。

$$(3x+8) - (2x - 5)$$
$$=3x+8 - 2x+5$$
$$=3x-2x+8+5$$
$$=x+13$$

ひき算は，ひく式全体の符号がかわるよ。

例　$6a-2-(7a+4)$

$=6a-2\boxed{[オ]}\ 7a\boxed{[カ]}\ 4$

$=6a\boxed{[オ]}\ 7a-2\boxed{[カ]}\ 4$

$=\boxed{[キ]}\ a-\boxed{[ク]}$

答え [ア] ＋　[イ] −
[ウ] 10 [エ] 11
[オ] − [カ] −
[キ] − [ク] 6

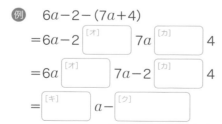

ゼッタイ！これだけ

$+(● + ■) = ● + ■$　　　$+(● - ■) = ● - ■$

$-(● + ■) = - ● - ■$　　　$-(● - ■) = - ● + ■$

練習問題 →解答は別冊 p.7

正の数 負の数

文字と式

1次方程式

比例と反比例

平面図形

空間図形

データの活用

❶ 次の計算をしなさい。

(1) $2x+(3x-5)$

(2) $4a-(1-7a)$

(3) $(5a-4)+(3a+4)$

(4) $(6x-2)-(7x+8)$

(5) $(6+5a)+(3a-9)$

(6) $(7x-1)-(3+7x)$

まちがえても OK！
失敗は成功のもと！

どうしても解けない場合は
項と係数へGO！　　p.42

文字に式を代入して計算しよう

$A=5x+4$, $B=-2x-3$ とするとき, $A+B$, $A-B$ を計算しましょう。

$$A+B=(5x+4)+(-2x-3)$$
$$=5x+4-2x-3$$
$$=3x+1$$

$$A-B=(5x+4)-(-2x-3)$$
$$=5x+4+2x+3$$
$$=7x+7$$

A に $5x+4$, B に $-2x-3$ を代入して計算します。

代入
してみよう

よいしょ

5x+4
A

-2x-3
B

19 文字式のかけ算・わり算
文字式と数の乗法・除法

なぜ学ぶの?

文字式のたし算・ひき算だけでなく，かけ算・わり算もマスターしよう。
かけ算は，$3x$ が $3 \times x$ だったことを思い出せば考えられるね。

1 文字式と数のかけ算・わり算

これが大事!

(1) $4x \times 8 = 4 \times x \times 8$ ←── ×を補う。
$ = 4 \times 8 \times x$ ←── 数を先にまとめる。
$ = 32x$ ←── 数をかけ算して，×をはぶく。

(2) $42a \div 6 = \dfrac{42a}{6}$ ←── 分数の形にする。
$ = 7a$ ←── 約分する。

まず数の計算をしてから，
文字式のきまりにしたがって
書き表そう。

例 $-6x \times 5 = \boxed{} \times \boxed{} \times 5$
$ = \boxed{} \times \boxed{} \times x$
$ = \boxed{}$

2 分配法則

文字式のときも**分配法則**が使える。

(1) $2(3x+5) = 2 \times 3x + 2 \times 5$
$ = 6x + 10$

(2) $(10a-6) \div (-2) = (10a-6) \times \left(-\dfrac{1}{2}\right)$
$ = 10a \times \left(-\dfrac{1}{2}\right) - 6 \times \left(-\dfrac{1}{2}\right)$
$ = -5a + 3$

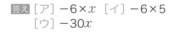

答え [ア] $-6 \times x$ [イ] -6×5
[ウ] $-30x$

ゼッタイ！これだけ

$m(a+b) = ma + mb$

$(a+b) \div m = \dfrac{a}{m} + \dfrac{b}{m}$ （$m=0$ を除く）

練習問題 →解答は別冊 p.8

❶ 次の計算をしなさい。

(1) $3a \times 4$

(2) $(-5) \times 2b$

(3) $6a \div 2$

(4) $-x \div (-2)$

❷ 次の計算をしなさい。

(1) $2(a+3)$

(2) $-(-5y+6)$

(3) $(6x+10) \div 2$

(4) $2(x+7)-3(2x-1)$

あせらない，
あせらない。

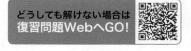

どうしても解けない場合は
復習問題WebへGO！

文字式が分数のときは？

文字式が分数の形のときは，かける数と分母が約分できる
場合はまず約分します。

$$\frac{2x+5}{3} \times 6 = \frac{(2x+5) \times \overset{2}{6}}{\underset{1}{3}} = (2x+5) \times 2$$
$$= 4x+10$$

分母よ
消えろ！

正の数・負の数

文字と式

一次方程式

比例と反比例

平面図形

空間図形

データの活用

20 等式や不等式って何だろう
関係を表す式

なぜ学ぶの?

2つの量が等しいことは等号（＝）を使った等式で，2つの量の大小関係は不等号（<，>，≦，≧）を使った不等式で表せるよ。量の関係を表すことは，文章題を解くときに重要になるんだ。

1 数量の関係を，等号を使って式で表す

これが大事! a 円のノートを2冊，b 円のえんぴつを1本買ったときの代金の合計は，300円だった。これを等式で表すと，

等しい

$$\underset{左辺}{2a+b} \ = \ \underset{右辺}{300} \quad 左辺と右辺合わせて両辺という。$$

例 x g のおもり1個と y g のおもり3個の重さの合計は，90 g である。
この関係を式で表すと，

[ア] _____

2 数量の関係を，不等号を使って式で表す

これが大事! a 円のノートを2冊，b 円のえんぴつを1本買ったときの代金の合計は，300円より安かった。これを不等式で表すと，

$$\underset{300より小さい}{2a+b} \ < \ \underset{2a+bより大きい}{300}$$

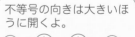
不等号の向きは大きいほうに開くよ。

(小) < (大)　(大) > (小)

例 x g のおもり1個と y g のおもり3個の重さの合計は，90 g より重い。

この関係を式で表すと，[イ] _____

ゼッタイこれだけ

$x > a \rightarrow x$ は a より大きい
$x < a \rightarrow x$ は a より小さい
$x \geqq a \rightarrow x$ は a 以上（x は a より大きいか a）
$x \leqq a \rightarrow x$ は a 以下（x は a より小さいか a）

答え [ア]$x+3y=90$
[イ]$x+3y>90$

正の数・負の数
文字と式
1次方程式
比例と反比例
平面図形
空間図形
データの活用

練習問題 →解答は別冊 p.8

❶ 次の数量の関係を，式で表しなさい。

(1) 1辺が a cm の正方形の周囲の長さは 20 cm だった。

(2) 100円のりんごを x 個，150円のなしを y 個買うと，代金の合計は 1200円だった。

❷ 次の数量の関係を，式で表しなさい。

(1) 1個 a 円のおかしを 10個買ったときの代金は，1000円より高かった。

(2) x 個のみかんを 20人の生徒に y 個ずつ配ったら，6個以上余った。

わ，わからないよう……。

どうしても解けない場合は
数量の表し方へGO！ p.36

これも！ プラス 式が表す意味を考えよう

数量の関係を式で表せるだけでなく，式が表す意味を読みとれるようになりましょう。

例 1本 50円のえんぴつと 1冊 120円のノートがあります。
このとき，$50x+120y \leqq 1000$ は，どのようなことを
表していますか。

答え 1本 50円のえんぴつ x 本と 1冊 120円のノート y 冊の代金は，1000円 以下。

　　　　　　　　左辺の意味　　　　　　　　　　　右辺の意味　　不等号の意味

わからない場合は，左辺の意味，右辺の意味，等号・不等号の意味の順で一つずつ考えましょう。

おさらい問題

① 次の式を，文字式の表し方にしたがって書きなさい。

(1) $a \times (-5)$

(2) $-x \times y \times (-3)$

(3) $4x \div (-12)$

(4) $(6x + y) \div 2$

(5) $a \times (-1) + b \div 4$

(6) $a \times (-2a) - a$

② 次の数量を表す式を書きなさい。

(1) 1個150円のりんごを a 個買ったときの代金

(2) x 本の重さが30kgある鉄の棒1本の重さ

③ $x = -2$ のとき，次の式の値を求めなさい。

(1) $7 + 3x$

(2) $-x^2$

4 次の計算をしなさい。

(1) $x-8x$

(2) $6a-2+4-3a$

(3) $5x+(-5+3x)$

(4) $(-4a+7)-(2-3a)$

5 次の計算をしなさい。

(1) $3 \times 6x$

(2) $45x \div (-9)$

(3) $(5x-2) \times (-4)$

(4) $(-30a-18) \div (-3)$

(5) $(x+3)+2(2x-3)$

(6) $2(4a-5)-(6-3a)$

6 次の数量の関係を，等式か不等式に表しなさい。

(1) a の 5 倍に 2 をたすと，b の 3 倍に等しい。

(2) ジュースを 1 人に 180 mL ずつ，x 人に配ったら，ジュースは 2000 mL で足りた。

21 方程式って何？

方程式と解

 なぜ学ぶの？

問題の条件が複雑で，単純な計算ではすぐに答えが出せないとき，わからない数を x として**方程式**をつくると，わからなかった数を求められるよ。

1 方程式は，「わからない数」が入った等式！

ある数 x を 3 倍して 2 を加えたら 20 になったことを表す等式は，

$$3x+2=20$$

このように，わかっていない数を表す文字をふくむ等式を**方程式**といい，わかっていない数を求めることを**方程式を解く**という。
方程式は，文字に特別な値を代入したときだけ成り立つ。
方程式を成り立たせる文字の値（上の式では $x=6$）を**方程式の解**という。

$3x=2x+x$ は，x がどんな値でも成り立つから，方程式ではないよ。

これが大事! -2，-1，0，1，2 のうち，方程式 $2x-5=-7$ の解はどれかを考えよう。

$2x-5=-7$ の x にそれぞれの値を代入すると，

$x=-2$ のとき → （左辺）$=2×(-2)-5=-9$　（右辺）$=-7$ だから，**不成立**
$x=-1$ のとき → （左辺）$=2×(-1)-5=-7=$（右辺）だから，**成立**
$x=0$ のとき　→ （左辺）$=2×0-5=-5$　（右辺）$=-7$ だから，**不成立**
$x=1$ のとき　→ （左辺）$=2×1-5=-3$　（右辺）$=-7$ だから，**不成立**
$x=2$ のとき　→ （左辺）$=2×2-5=-1$　（右辺）$=-7$ だから，**不成立**

したがって，$2x-5=-7$ の解は，$x=-1$

例 0，1，2，3 のうち，方程式 $-5x+4=-6$ の解は ［ア］

 ゼッタイ！これだけ 方程式の文字に値を代入して，左辺＝右辺になったら，その値が方程式の解！

答え ［ア］2

練習問題 → 解答は別冊 p.9

❶ 次の方程式の解は, 0, 1, 2, 3, 4 のうちのどれですか。

(1) $-3x=-9$

(2) $4x+1=x+4$

(3) $5x-2=4x+2$

(4) $x-3=2x-5$

❷ 次の方程式のうち, 4 が解であるものをすべて選びなさい。

① $x-5=1$

② $2x+2=10$

③ $3a-5a=8$

④ $-7x=-6x-4$

やればできちゃうんだな〜！

 等式と方程式, どう違うの?

等式は, 等しい数量関係を表したもので, 左辺と右辺が等しいことを示す式です。

方程式は, わからない数を求めるために作る等式です。

方程式の解は, 次のページで学習する, 「等式の性質」を使って求めることができます。

等式 (5x から 3x をひくと 8 になる。) 方程式
x の値を求めなさい。

正の数 負の数

文字と式

1次方程式

比例と反比例

平面図形

空間図形

データの活用

22 等式の性質を使って方程式を解こう
等式の性質の利用

なぜ学ぶの？

21のように，文字にいろいろな値を代入して方程式の解を求めるのは大変だね。等式の性質を使うと，もっとシンプルに解を求めることができるよ。

1 等式の4つの性質を使って式を $x=\bigcirc$ の形にしよう

これが大事!

① 等式の両辺に同じ数をたしても，等式が成り立つ。
$A=B$ ならば，$A+C=B+C$
$x-5=3$ → $x-5+5=3+5$ → $x=8$

② 等式の両辺から同じ数をひいても，等式が成り立つ。
$A=B$ ならば，$A-C=B-C$
$x+5=3$ → $x+5-5=3-5$ → $x=-2$

③ 等式の両辺に同じ数をかけても，等式が成り立つ。
$A=B$ ならば，$A\times C=B\times C$
$x\div5=4$ → $x\div5\times5=4\times5$ → $x=20$

④ 等式の両辺を同じ数でわっても，等式が成り立つ。
$A=B$ ならば，$A\div C=B\div C$ （C は0ではない）
$2x=30$ → $2x\div2=30\div2$ → $x=15$

このように，等式の性質を使うと，左辺を x だけの式にして，方程式を解くことができる。

両辺を $\div2$ しても，両辺に $\times\dfrac{1}{2}$ してもいいんだよ。

例 等式の性質を使って，方程式を解きましょう。
[1] $x-8=10$ 　　　　 [2] $-4x=52$

$x-8\ \boxed{[ア]}=10\ \boxed{[ア]}$ 　　 $-4x\ \boxed{[ウ]}=52\ \boxed{[ウ]}$

$x=\boxed{[イ]}$ 　　　　 $x=\boxed{[エ]}$

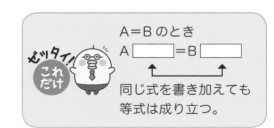

ゼッタイ!
これだけ

A=B のとき
A $\boxed{}$ =B $\boxed{}$

同じ式を書き加えても
等式は成り立つ。

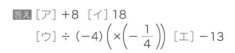
答え [ア] +8 [イ] 18
[ウ] $\div(-4)$ $\left(\times\left(-\dfrac{1}{4}\right)\right)$ [エ] -13

正の数・負の数

文字と式

1次方程式

比例と反比例

平面図形

空間図形

データの活用

 練習問題 →解答は別冊 p.10

❶ [　　　] にあてはまる数を求めなさい。

(1)
$$x-3=2$$

$$x-3+\boxed{}^{[イ]}=2+\boxed{}^{[ウ]}$$

両辺に同じ数 $\boxed{}^{[ア]}$ をたすと, 左辺が x だけになる。

$$x=\boxed{}^{[エ]}$$

(2)
$$x+4=7$$

$$x+4-\boxed{}^{[カ]}=7-\boxed{}^{[キ]}$$

両辺から同じ数 $\boxed{}^{[オ]}$ をひくと, 左辺が x だけになる。

$$x=\boxed{}^{[ク]}$$

(3)
$$\frac{x}{2}=6$$

$$\frac{x}{2}\times\boxed{}^{[コ]}=6\times\boxed{}^{[サ]}$$

両辺に同じ数 $\boxed{}^{[ケ]}$ をかけると, 左辺が x だけになる。

$$x=\boxed{}^{[シ]}$$

(4)
$$3x=12$$

$$\frac{3x}{\boxed{}^{[セ]}}=\frac{12}{\boxed{}^{[ソ]}}$$

両辺を同じ数 $\boxed{}^{[ス]}$ でわると, 左辺が x だけになる。

$$x=\boxed{}^{[タ]}$$

意外とカンタンじゃない？

どうしても解けない場合は
関係を表す式へGO！ p.48

これも！プラス 等式の変身

次の方程式の変形は, 左のページの等式の性質①～④のうち, どの性質を使っていますか。

(1) $x\div 3=12$
　↓
　$x=36$

(2) $x+10=6$
　↓
　$x=-4$

(3) $-2x=-8$
　↓
　$x=4$

答え　　③　　　　　　　②　　　　　　　④

変身！

等式の性質を使って, 両辺に同じ数をたしたりかけたりして, 左辺を x だけにします。

23 移項って何?

移項による解き方①

なぜ学ぶの?

文字の項や数の項は, 符号を変えて＝の反対側に移動させる（**移項**する）ことができるよ。移項ができれば, 方程式がもっと解きやすくなるんだ。**22**で学んだ等式の性質①, ②を使って考えるから, 見ていこう。

1 「移項する」ってどういうこと?

これが大事!

(1) 方程式 $x+10=12$ を解くと,

$$x+10=12$$
$$x+10\underline{-10}=12\underline{-10}$$
$$x=12-10$$
$$x=2$$

左辺の+10が符号をかえて右辺に移っている。

答え $x=2$

見比べると, プラスとマイナスが入れかわっているね。

(2) 方程式 $2x=-5x-21$ を解くと,

$$2x=-5x-21$$
$$2x\underline{+5x}=-5x\underline{+5x}-21$$
$$2x+5x=-21$$
$$7x=-21$$
$$x=-3$$

右辺の文字の項−5xが符号をかえて左辺に移っている。

左辺を計算する。

両辺を, xの係数7でわる。

答え $x=-3$

このように, 文字の項や数の項は, 符号をかえて反対の辺に移すことができる。これを**移項**という。

例 次の方程式を, 移項によって解きましょう。

[1] $x-4=6$

$$x=6\boxed{}^{[ア]}$$
$$x=\boxed{}^{[イ]}$$

[2] $3x=35+8x$

$$3x\boxed{}^{[ウ]}=35$$
$$\boxed{}^{[エ]}x=35$$
$$x=\boxed{}^{[オ]}$$

答え [ア] +4 [イ] 10
[ウ] −8x [エ] −5 [オ] −7

ゼッタイ！これだけ 方程式は移項して解くことができる。移項すると符号が逆になる。

正の数・負の数

文字と式

1次方程式

比例と反比例

平面図形

空間図形

データの活用

練習問題 →解答は別冊 p.10

❶ 次の方程式を解きなさい。

(1) $x + 4 = -1$

(2) $x - 8 = 2$

(3) $-4x + 22 = 6$

(4) $8x - 9 = -9$

(5) $4x = x - 9$

(6) $-x = 3x + 4$

わ…, わかる!!

(7) $2x = -5x + 28$

(8) $-3x = -7x - 36$

どうしても解けない場合は
等式の性質の利用へGO! p.54

これも！
プラス
もっと簡単に解こう！

方程式 $3x = -6x - 15$ を解きましょう。

この式は，どの項も 3 でわれるので，移項する前に両辺を
3 でわります。

$$3x = -6x - 15$$ 両辺を3でわる
$$x = -2x - 5$$ $-2x$を移項
$$x + 2x = -5$$
$$3x = -5$$
$$x = -\frac{5}{3}$$

方程式の解は，分数になる場合もあります。

われるか
たしかめよう

aの倍数

○ ＝ △ ＋ □

等式の性質④を使って
両辺をaでわる

24 仲間どうしはまとめよう

移項による解き方②

なぜ学ぶの？

項がたくさんある方程式は，文字の項を左辺に，数の項を右辺に移項して整理すると，解くことができるよ。

1 x は左辺に，数は右辺に移項してまとめよう

(1) 方程式 $4x-1=2x+1$ を解く。

まず，移項して，左辺に x の項，右辺に数の項を集める。

これが大事！

$$4x-1=2x+1$$
$$4x-2x=1+1$$
$$2x=2$$
$$x=1$$

左辺に文字の項，右辺に数の項を集める。

両辺をそれぞれ計算する。

両辺を x の係数2でわる。

＝をそろえると見やすい。

文字の項は右辺に集めても OK だけど，
左辺に集めておけば，
最後に $x=○$ の形にしやすいね。

(2) 方程式 $2x+4=-3x-1$ を解く。

$$2x+4=-3x-1$$
$$2x+3x=-1-4$$
$$5x=-5$$
$$x=-1$$

移項のとき，
符号を逆にするのを
忘れずにね！

例 次の方程式を解きましょう。

$$8x+6=-x-12$$

$$8x \boxed{[ア]} = -12 \boxed{[イ]}$$

$$\boxed{[ウ]} x = \boxed{[エ]}$$

$$x = \boxed{[オ]}$$

これだけ
方程式は，移項して
文字の項＝数の項 に整理して解く！

答え [ア] $+x$ [イ] -6 [ウ] 9
[エ] -18 [オ] -2

練習問題 →解答は別冊 p.11

❶ 次の方程式を解きなさい。

(1) $5x+4=3x+2$

(2) $3x-8=6x-2$

(3) $2x-12=-2x+8$

(4) $3x+4=-4x-10$

(5) $-3x+2=2x-8$

(6) $-4x+10=x+5$

(7) $5x+9=-3x+25$

(8) $3x+5=23-6x$

明日，全然勉強してないって
いうんだ！

どうしても解けない場合は
移項による解き方①へGO！　p.56

 これも！プラス

1次方程式とは

1年生で習う方程式は **1次方程式**といって，
（1次式）＝0 の形で表せます。

x^2 をふくむ方程式は **2次方程式**といって，3年生で学習します。

─ 1次方程式 ─
$3x+5=0$
$4x-1=2x+1$　など

─ 2次方程式 ─
$x^2-1=0$
$x^2+2x+1=0$　など

25 分数や小数は整数にしよう
いろいろな1次方程式①

なぜ学ぶの?

等式の両辺に同じ数をかけても等式が成り立つ性質を利用して, 分数や小数がふくまれる式を簡単にできるよ。

1 分数の係数は整数にかえて解く!

これが大事! 方程式 $\frac{4}{5}x+3=\frac{1}{2}x$ を解こう。

両辺に, 分母の5と2の最小公倍数10をかけて,

$$\left(\frac{4}{5}x+3\right)\times10=\frac{1}{2}x\times10$$
$$8x+30=5x$$
$$8x-5x=-30$$
$$3x=-30$$
$$x=-10$$

分数や小数のまま計算するより, 楽だね。
分数に分母の公倍数をかけて整数になおすことを, 分母をはらうというよ。

例 方程式 $\frac{x}{3}+3=\frac{x}{2}+2$ を解きましょう。

$$\left(\frac{x}{3}+3\right)\times\boxed{}^{[ア]}=\left(\frac{x}{2}+2\right)\times\boxed{}^{[ア]}$$

$$\boxed{}^{[イ]}x+18=\boxed{}^{[ウ]}x+12$$

$$\boxed{}^{[イ]}x-\boxed{}^{[ウ]}x=12-18$$

$$\boxed{}^{[エ]}x=\boxed{}^{[オ]}$$

$$x=\boxed{}^{[カ]}$$

2 小数も整数にかえて解く!

これが大事! 方程式 $0.5x+0.1=-0.3x-0.7$ を解こう。

$(0.5x+0.1)\times10=(-0.3x-0.7)\times10$ ← 両辺に10をかける。

$$5x+1=-3x-7$$
$$5x+3x=-7-1$$
$$8x=-8$$
$$x=-1$$

分数や小数は, かけ算して整数にかえる!

答え [ア] 6 [イ] 2 [ウ] 3
[エ] - [オ] -6 [カ] 6

練習問題 →解答は別冊 p.11

1 次の方程式を解きなさい。

(1) $\dfrac{1}{2}x+5=\dfrac{1}{4}x-3$

(2) $\dfrac{x-5}{2}=3$

(3) $\dfrac{3}{10}x-\dfrac{3}{2}=\dfrac{4}{5}x+1$

(4) $\dfrac{x}{3}-1=\dfrac{x+2}{6}$

(5) $0.3x-1.2=0.6$

(6) $0.2x=0.05x-0.15$

えーと, う〜んと, アレ！？

どうしても解けない場合は
復習問題WebへGO!

これも! プラス

分母はいつでもはらえるの？

方程式では等式の性質が使えるので, 式の両辺に同じ数をかけて分母をはらい, 分数を整数になおせます。しかし, 文字式の計算では分母ははらえないことに注意しましょう。

例 文字式 $\dfrac{1}{4}x+6-\dfrac{1}{5}x=$

× 20 をかけて $5x+120-4x$ ←式の値が 20 倍になってしまう。

○ $\dfrac{1}{4}x+6-\dfrac{1}{5}x=\dfrac{5}{20}x+6-\dfrac{4}{20}x$

$=\dfrac{x}{20}+6$

分母がはらえるのは, 左辺と右辺が「＝」で結ばれているときだけ。

正の数 負の数

文字と式

1次方程式

比例と反比例

平面図形

空間図形

データの活用

26 （　）がある方程式や比例式の解き方
いろいろな1次方程式②

なぜ学ぶの?
方程式にかっこがあったり，比例の形の方程式になっていたりすると，難しく見えるかもしれないね。でも，分配法則や比例式の性質（ひれいしき）を使って変形すれば，今までと同じように解けるよ。

1 かっこは計算してはずそう

これが大事!

$$3(x+1)=x+7$$
分配法則を使ってかっこをはずす。
$$3x+3=x+7$$
xをふくむ項を左辺に，数の項を右辺に移項する。
$$3x-x=7-3$$
両辺をそれぞれ整理する。
$$2x=4$$
両辺をxの係数2でわる。
$$x=2$$

> かっこは分配法則ではずそう！

例
$$5x=3(x+4)$$
$$5x=3x+\boxed{[ア]}$$
$$5x\boxed{[イ]}\ 3x=12$$
$$\boxed{[ウ]}\ x=12$$
$$x=\boxed{[エ]}$$

2 比例式の性質を使って変形しよう

6：x＝3：2 のような，比が等しいことを表す式を**比例式**といい，比例式の性質 $a：b＝c：d$ ならば，$ad＝bc$ が成り立つ。

これが大事!

$$6：x=3：2$$
比例式の性質の利用。
$$6×2=x×3$$
両辺をそれぞれ整理。
$$12=3x$$
両辺を入れかえ$ax=b$の形にする。
$$3x=12$$
両辺をxの係数3でわる。
$$x=4$$

> 比例式は積の形にして解こう！

例
$$x：4=6：3$$
$$x×\boxed{[オ]}=\boxed{[カ]}\quad×$$
$$\boxed{[オ]}\ x=\boxed{[キ]}$$
$$x=\boxed{[ク]}$$

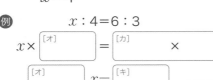

ゼッタイ！これだけ
分配法則　$a(b+c)=ab+ac$
比例式の性質　$a：b=c：d → ad=bc$

答え [ア] 12　[イ] －　[ウ] 2　[エ] 6
[オ] 3　[カ] 4, 6 (6, 4)　[キ] 24　[ク] 8

練習問題 →解答は別冊 p.12

❶ 次の方程式や比例式を解きなさい。

(1) $4(x-1)=8$

(2) $8x=3(2x+6)$

(3) $3(x-4)=2(x+2)$

(4) $\dfrac{3}{4}x-1=2(x+2)$

(5) $0.4x-0.4=-1.2(x-1)$

(6) $x:8=5:2$

(7) $x:4=9:6$

(8) $(x-4):x=5:4$

なるほど～。

どうしても解けない場合は
復習問題WebへGO!

→解答は別冊 p.12

比例式の性質はどうして成り立つの？

$a:b$ で，$\dfrac{a}{b}$ を比の値といい，等しい比の比の値は同じになります。

比例式 $a:b=c:d$ が成り立つとき，比の値を比べると，

$$\frac{a}{b}=\frac{c}{d}$$

両辺に b と d をかけて，

$$\frac{a}{b} \times b \times d = \frac{c}{d} \times b \times d$$

$$ad=bc$$

よって，比例式の性質が成り立ちます。

$a:b=c:d$

外側どうし
内側どうし
をかけるよ

63

正の数・負の数

文字と式

1次方程式

比例と反比例

平面図形

空間図形

データの活用

27 方程式で問題解決！
1次方程式の利用

なぜ学ぶの？

身の回りのいろいろな問題を，方程式を使って解くことができるよ。
求めたいものを x とし，等しい関係を見つけて，x を使った式で表せたら OK！
小学校で習った□を使った式と同じ考え方で，□を x にかえればいいんだよ。

1 1次方程式はどうやって使うの？

[例 題] 50 円の消しゴムを 3 個と，80 円のノートを何冊か買ったら，
代金は 550 円であった。買ったノートの冊数を求めなさい。

[解き方] ノートの冊数を x 冊とすると，

ノートの代金…80x 円

消しゴムの代金…50×3=150 円

合計 550 円なので，

$$80x+150=550$$
$$80x=550-150$$
$$80x=400$$
$$x=5$$

（答え） 5 冊

何と何とが等しい
のかを，問題文
から読みとろう。

例 1 個 120 円のパンと 80 円のパンを合わせて 8 個買ったところ，代金は 720 円
でした。120 円のパンを何個買いましたか。

120 円のパンの個数を x 個とすると，

120 円のパンの代金… [ア] ☐ (円)

80 円のパンの代金… [イ] ☐ (円)

となり，合計 720 円なので，

[ウ] ☐ =720

この方程式を解くと，$x=2$ となり，120 円のパンを 2 個買ったことがわかる。

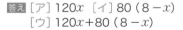

答え [ア] 120x [イ] 80 (8−x)
　　 [ウ] 120x+80 (8−x)

文章題を解くときは，
求めるものを x として
方程式をつくる。

ゼッタイ
これ
だけ

練習問題 →解答は別冊 p.12

❶ 1個130円と90円のドーナツを合わせて12個買ったところ，代金は1240円でした。それぞれのドーナツの個数を求めなさい。

解き方

130円のドーナツ [　　　　　] (個)

90円のドーナツ [　　　　　] (個)

いいね！

どうしても解けない場合は
等式の性質の利用へGO!　p.54

これも！プラス **よく使う数量の関係**

方程式の文章題では，次のような数量の関係がよく使われます。

- ・速さ＝道のり÷時間　　・道のり＝速さ×時間
- ・時間＝道のり÷速さ
- ・代金＝単価×個数
- ・平均＝合計÷個数
- ・3つの連続した整数は $n-1,\ n,\ n+1$
- ・十の位が a，一の位が b の2けたの数は $10a+b$

ピューン

正の数・負の数

文字と式

1次方程式

比例と反比例

平面図形

空間図形

データの活用

おさらい問題

❶ −2，−1，0，1，2 のうち，方程式 $4-5x=3x-12$ の解はどれですか。

❷ 次の方程式を解きなさい。

(1) $x=3x-10$

(2) $x+2=3x-6$

(3) $6x-7=4x+11$

(4) $-x+7=-3x-5$

❸ 次の方程式を解きなさい。

(1) $\dfrac{3}{4}x+3=2-x$

(2) $\dfrac{1}{3}x-2=\dfrac{1}{5}x+4$

(3) $1.3x-2=0.7x+1$

(4) $2.5x-4=1.3x+0.8$

④ 次の方程式を解きなさい。

(1) $7x+8=3(x-4)$

(2) $6x-5(x-1)=8$

⑤ 次の比例式を解きなさい。

(1) $6:x=4:8$

(2) $(2x+1):6=3:4$

⑥ 1個100円のゼリーと，1個150円のプリンを合わせて16個買って，300円の箱に入れたら，代金は2100円になりました。買ったゼリーの個数を求めなさい。

[式]

[答え]

28 関数とは？
関数

なぜ学ぶの?

「関数」と聞くと難しく感じる人がいるかもしれないけれど，小学校で習った比例や反比例も関数だよ。関数がわかると，2つの数量の関係がとらえやすくなるよ。

1 関数は，ともなって変わる2つの数量の関係を表す

これが大事! 空の水そうに，1分間に3cmずつ水位が上がるように水を入れる。x分後の水位を$y$cmとすると，xとyの関係は右の表のようになる。

x	0	1	2	3	…
y	0	3	6	9	…

このように，ともなって変わる2つの数量x，yがあって，xの値を決めるとyの値が1つだけ決まるとき，**yはxの関数**であるという。

xとyの関係を式で表すと，$y=3x$となっている。

例 (1) ともなって変わる2つの数量x，yがあって，xの値を決めるとyの値も1つ決まるとき，yは，〔ア〕（　　　　　）であるという。

年齢と体重のように，一方が決まっても他方がそれにともなって変わらないものは，関数ではないよ。

(2) 1個50円の品物をx個買ったときの代金をy円とすると，xとyの関係は，次の表のようになる。

x	0	1	2	3	…
y	0	50	〔イ〕	〔ウ〕	…

xの値を決めると〔エ〕（　　　　　　　　　）ので，

代金yは，個数xの〔オ〕（　　　　　　）である。

答え [ア]xの関数　[イ]100　[ウ]150
[エ]yの値も1つ決まる　[オ]関数

ゼッタイ! これだけ xの値1つに対して，yの値が1つに決まるのが関数！

正の数 負の数

文字と式

1次方程式

比例と反比例

平面図形

空間図形

データの活用

練習問題 →解答は別冊 p.14

❶ 次の (1) 〜 (4) で, y は x の関数であるといえますか。いえるものは ○, いえないものは×を解答欄に書きなさい。

(1) 1 辺の長さが x cm の正方形の面積を y cm² とする。

(2) 身長が x cm の人の体重を y kg とする。

(3) 100 cm のリボンを x 人で等分したときの 1 人分の長さを y cm とする。

(4) 時速 4 km で x 時間歩いたときの道のりを y km とする。

わ, 忘れたんじゃないよ。思い出せないだけ。

 これも! プラス y が x の関数なら, x も y の関数？

あるタクシーの料金は, 2 km まで 560 円です。乗った距離を x km, 料金を y 円とします。
$x = 1.2$ のとき y は 560 円で 1 通り,
$x = 1.8$ のとき y は 560 円で 1 通りに
決まるので, y は x の関数です。
しかし, $y = 560$ に対応する x の値は
1 つに決まらないので, x は y の関数
ではありません。

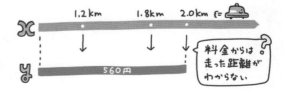

69

29 比例とは？

比例の関係

なぜ学ぶの？

ここからは，小学校で習った比例を，関数の考え方を使って見ていくよ。
x と y の関係が，$y=$定数$\times x$ のとき，y は x に比例しているというんだ。
比例の関係は，ふだんの生活でもたくさん登場するね。

1 比例は x と y が同じ倍率で変化する！

これが大事！ 1個100円の品物を x 個買ったときの代金を y 円とすると，

x（個）	0	1	2	3	4
y（円）	0	100	200	300	400

x が2倍なら，y も2倍，
x が100倍なら，y も100倍，
どこまでも同じ倍率だよ。

個数 x が2倍，3倍，…になると，代金 y も
2倍，3倍，…になっている。
このとき，**y は x に比例する**という。

y が x に比例するとき，**$y=ax$** と表される。a を**比例定数**という。上の
表で，$y=100\times x$ になっているから，代金 y は個数 x に比例していて，
比例定数は100。
x や y のようにいろいろな値をとる文字を**変数**という。

例 縦の長さが3cmで横の長さが x cmの長方形の面積を y cm² とすると，

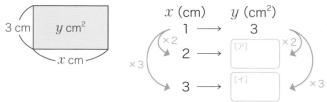

横の長さ x が2倍，3倍，…になれば，面積 y も2倍，3倍，…になるので，
面積 y は横の長さ x に ［ウ］ する。

x が2倍，3倍……になると，
y も2倍，3倍……になる
→ y は x に比例

答え ［ア］6 ［イ］9 ［ウ］比例

正の数・負の数

文字と式

1次方程式

比例と反比例

平面図形

空間図形

データの活用

練習問題 →解答は別冊 p.14

❶ 次の数量関係において，y が x に比例するものには○，比例しないものには×をつけなさい。

(1) 1 個 50 円の品物を x 個買ったときの代金が y 円

(2) 1000 円で 1 個 80 円の品物を x 個買ったときのおつりが y 円

(3) 分速 x m で 10 分間歩いたときの道のりが y m

(4) 高さ 500 m の地点から毎分 x m ずつ山を登ったときの 5 分後の高さが y m

(5) 面積が 24 cm² の長方形の縦の長さが x cm，横の長さが y cm

明日はテストだー。

どうしても解けない場合は
復習問題WebへGO!

 これも！プラス 同じ倍率で変化しないと比例じゃない！

誕生日が同じ兄弟で，兄が 15 歳のとき，弟は 12 歳でした。兄の年齢を x 歳，弟の年齢を y 歳すると，x と y は比例しているでしょうか。

答え x（兄の年齢）が 1 つ増えると y（弟の年齢）も 1 つ増えるが，x の値が 2 倍，3 倍になるとき，y の値は 2 倍，3 倍にならない。よって，比例していない。

ともなって同じように変わる量に見えても，同じ倍率で変化しないと比例ではないので，気をつけましょう。

30 比例の関係は表や式からわかる
比例の表と式

なぜ学ぶの？

比例の関係は，表や式で表すことができるよ。式は，最もスマートな表し方なので，表や文章から比例の式を求められるようにしよう。

1 表から比例の式を求めよう

 〈比例の表の特徴〉

① x が 2 倍，3 倍，…になると，y も 2 倍，3 倍，…になる。

←表をヨコに見る。

表をタテに見ていくと，比例しているかどうかと，比例定数が，一度にわかるね。

② $\dfrac{y}{x}$ が一定である。

↓表をタテに見る。

x	…	-1	0	1	2	…
y	…	-5	0	5	10	…

$\times 5$

いつも $\dfrac{y}{x}=5$

ただし，x, $y=0$ のときは除く。
（$x=0$ のとき，$y=0$）

 〈式の求め方〉

②より，y は x の 5 倍になっているから，式は **$y=5x$**

例

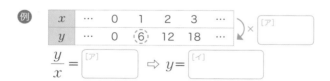

x	…	0	1	2	3	…
y	…	0	6	12	18	…

$\times$ ［ア］

$\dfrac{y}{x}=$ ［ア］ $\Rightarrow$ $y=$ ［イ］

2 文章から比例の式を求めよう

 y は x に比例し，$x=2$ のとき，$y=8$ である。このとき，y を x の式で表そう。

比例定数を a とすると，$y=ax$ と表せるから，$x=2$, $y=8$ を代入して，
$8=2a$ より $a=4$
よって，$y=4x$

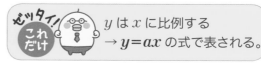

ゼッタイ！これだけ

y は x に比例する
→ **$y=ax$** の式で表される。

答え ［ア］6 ［イ］6x

練習問題 →解答は別冊 p.14

① 次の表はいずれも比例を表しています。□ をうめて, y を x の式で表しなさい。

(1)
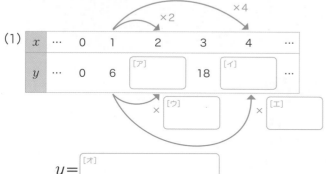

x	⋯	0	1	2	3	4	⋯
y	⋯	0	6	[ア]	18	[イ]	⋯

×2　×4

× [ウ]　× [エ]

$y=$ [オ]

(2)

x	⋯	−4	−2	0	1
y	⋯	[カ]	6	0	[キ]

× ([ク])

$y=$ [ケ]

② y は x に比例し, $x=-3$ のとき, $y=18$ です。
y を x の式で表しなさい。

宿題やった？

どうしても解けない場合は
比例の関係へGO! p.70

これも！プラス **「y は x に比例」の条件はある？**

「y は x に比例」と書かれていないときは, 表だけ見て比例と決めつけないように気をつけましょう。

右のような表では,
$x=1$ のとき $y=5$ で, y は x の 5 倍ですが,
$x=4$ のとき $y=24$ で, y は x の 6 倍となっています。
この場合, y は x に比例していません。

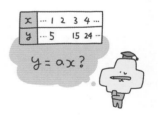

x	⋯	1	2	3	4	⋯
y	⋯	5		15	24	⋯

$y=ax$?

31 平面上の点には番地がある

座標

なぜ学ぶの？

x と y を組にした点 (x, y) は，縦軸と横軸を組にした平面上に表せるんだ。点の表し方は1通りで，その点の場所を表す番地みたいなものだよ。グラフをかくときの基本になるので，しっかり身につけよう。

1 「座標」は x と y の番地！

これが
大事！

たとえば，右図の点Aは，$x=3$，$y=2$ の位置に存在する。これを点Aの座標といい，A $(3, 2)$ と表す。このとき，3は点Aの x 座標　2は点Aの y 座標という。

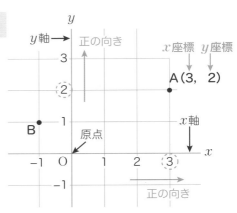

例 右図の点Bの座標は，

$$\left(\boxed{}^{[ア]} , \boxed{}^{[イ]} \right)$$

横の数直線：x軸 ⎫
縦の数直線：y軸 ⎭ 合わせて座標軸

原点Oの座標は$(0, 0)$

2 座標から点を求めよう

下図で点 $(-3, -2)$，点 $(2, 0)$ を表す点はどれだろう。

点 $(-3, -2)$ は原点Oから左へ3，下へ2進んだところにある点なので，点F。

点 $(2, 0)$ は，原点Oから右へ2進んだ点なので，点B。

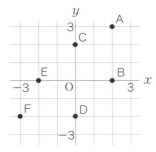

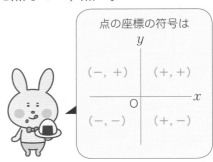

点の座標の符号は

例 上図で点 $(0, -2)$ を表す点は点 $\boxed{}^{[ウ]}$ ，

点 $(-2, 0)$ を表す点は点 $\boxed{}^{[エ]}$

ゼッタイ！
これ
だけ

座標の表し方は，

A (x, y)
　　↑　↑
x座標　y座標

答え [ア]−1 [イ]1 [ウ]D [エ]E

練習問題 →解答は別冊 p.14

① 右の図の点 A, B, C, D の座標を答えなさい。

A _____

B _____

C _____

D _____

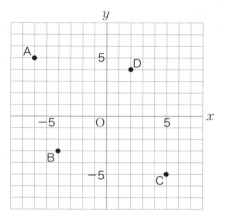

② 右の図に, 次の点 E, F, G, H をかき入れなさい。

E (1, −4)
F (−5, −3)
G (6, 0)
H (−3, 7)

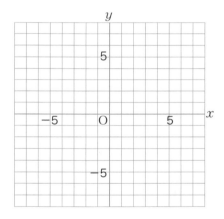

昨日までの
オレとは違う。

これも！プラス 座標は分数になることもある

x 軸, y 軸は, 直角に交わった 2 本の数直線と考えることができます。

x 座標, y 座標とも, 整数だけでなく分数や小数になることもあります。

右の図で, 点 A, B の座標はそれぞれ,

$A\left(-\dfrac{3}{2},\ 1\right)$, $B\left(-2,\ -\dfrac{3}{2}\right)$ です。

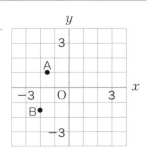

32 比例のグラフは原点を通る直線
表や式からグラフへ

なぜ学ぶの？

関数をグラフで表すと，x, y の関係がわかりやすくなるよ。比例のグラフにはどんな特徴があるかおさえよう。

1 比例のグラフをかこう

これが大事！

(1) $y=3x$ のグラフを表から考える。
対応する，x, y の値は次の表のようになる。

x	-2	-1	0	1	2
y	-6	-3	0	3	6

①表の x, y の値の組を座標とする点をとる。
②点と点を結ぶと直線になる。

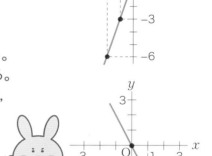

(2) $y=-2x$ のグラフを式から考える。
比例のグラフは原点 (0 ,0) を通る。
また，$x=1$ のとき $y=-2$ なので，
グラフは (1 ,-2) を通る。
2 点を結ぶ直線をかく。

例 $y=2x$ のグラフをかきましょう。

a が正のときと負のときで，グラフの傾きが逆だね。

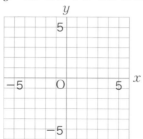

答え

ゼッタイ！これだけ

$y=ax$ のグラフは，原点を通る直線！
$a>0$ のとき，右上がり。　$a<0$ のとき，右下がり。

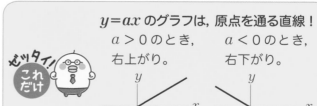

練習問題 →解答は別冊 p.15

① 次の表はいずれも比例の表です。この表をもとにして比例のグラフをかきなさい。

(1)

x	-3	-2	-1	0	1	2	3
y	-3	-2	-1	0	1	2	3

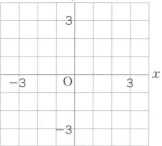

(2)

x	-3	-2	-1	0	1	2	3
y	3	2	1	0	-1	-2	-3

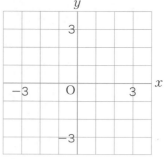

② 次の式で表される比例のグラフをかきなさい。

(1) $y = -3x$

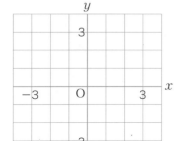

(2) $y = 4x$

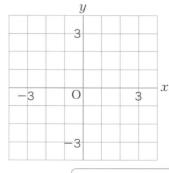

勉強して、
エラい！

> どうしても解けない場合は
> 比例の表と式へGO!　p.72

これも！プラス **a が分数だったら？**

右の①は $y = \dfrac{1}{2}x$, ②は $y = -\dfrac{1}{2}x$ のグラフです。
a が分数のときは, x 座標, y 座標ともに整数
になる点を見つけると, かきやすいです。

① 　②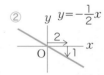

①は, 原点から右へ2進み, 上へ1進んだ点 (2, 1) を通ります。②は, 原点から右へ2進み, 下へ1進んだ点 (2, −1) を通ります。これらの点と, 原点とを結んで直線をかきます。

33 反比例とは？
反比例の関係

なぜ学ぶの？ 反比例も小学校で習ったね。$x \times y$ の値が一定のとき，y は x に反比例しているというよ。反比例の関係も関数で考えられるようになろう。

1 「反比例」は y が x の逆数倍で変化する！

これが大事！

面積が $12 \ \text{cm}^2$ の長方形の縦の長さを x cm，横の長さを y cm とする。縦の長さが 2 倍，3 倍になると，

横の長さは，$\dfrac{1}{2}$ 倍，$\dfrac{1}{3}$ 倍になり，

$y = \dfrac{12}{x}$ と表される。

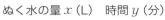

x (cm)	1	2	3	4
y (cm)	12	6	4	3

y が x の関数で，$y = \dfrac{a}{x}$ と表されるとき，

y は x に反比例しているという。
このときの a を**比例定数**という。

> 決まった道のりを走るときの時間と速さの関係は，
>
> $$\text{時間} = \dfrac{\text{道のり}}{\text{速さ}}$$
>
> だから，反比例だね。

例 水そうに入っている 24 L の水を，1 分間に x L ずつぬきとるとき，空になるのに y 分かかるとすると，

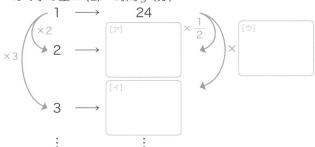

1 分間にぬきとる水の量 x を 2 倍にすると，かかる時間 y は【エ】になるので，時間 y は水の量 x に【オ】する。

ゼッタイ！これだけ y が x に反比例しているとき，$y = \dfrac{a}{x}$ とおける。a は比例定数で，$a = xy$

答え [ア] 12　[イ] 8　[ウ] $\dfrac{1}{3}$　[エ] $\dfrac{1}{2}$ 倍
[オ] 反比例

正の数・負の数

文字と式

1次方程式

比例と反比例

平面図形

空間図形

データの活用

練習問題 →解答は別冊 p.15

① 次の数量関係において，y が x に反比例するものには○，反比例しないものには×をつけなさい。

(1) 18 cm の線香が 1 分間に 0.5 cm ずつ x 分間燃えるとき，残りの線香の長さが y cm

(2) 1 冊 100 円のノートを x 冊買ったときの代金が y 円

(3) 36 km の道のりを時速 x km で走るときにかかる時間が y 時間

(4) すでに 30 個の荷物が入っている倉庫に，1 日に 5 個ずつ x 日間荷物を入れたときの荷物の総数が y 個

またまたひと休みしよっと。

どうしても解けない場合は
復習問題WebへGO！

これも！
プラス
反比例の式の別の表し方

反比例するときの関係式 $y=\dfrac{a}{x}$（a は比例定数）は，式の両辺に x をかけて $xy=a$ と表すこともできます。
比例定数を求めるには，この式のほうが便利です。
また，0 では数をわることができないので，反比例のときは $x=0$ の場合は考えません。

34 反比例の関係も表や式で表せる

反比例の表と式

なぜ学ぶの？ 反比例の関係も，表や式で表すことができるよ。量の関係をとらえるには式で表すのがよいので，表や文章を読みとって，反比例の式を求められるようにしよう。

1 表から反比例の式を求めよう

これが大事！ 〈反比例の特徴〉

① x が 2 倍，3 倍，…になると，y は $\dfrac{1}{2}$ 倍，$\dfrac{1}{3}$ 倍，…になる。

←表をヨコに見る

> 反比例では，x の値が 2 倍，3 倍，……になると，それに対応する y の値は逆数倍になるよ。

② xy が一定である。　　↓表をタテに見る

いつも $xy=12$ ⇨ x も y も 0 にはならない。

これが大事！ 〈式の求め方〉

②より $xy=12$ なので，式は $y=\dfrac{12}{x}$

2 文章から反比例の式を求めよう

これが大事！ y は x に反比例し，$x=9$ のとき $y=3$ である。y を x の式で表そう。

比例定数は，$xy=9\times3=27$　　よって，$y=\dfrac{27}{x}$

 y は x に反比例し，$x=6$，$y=7$ のとき，y を x の式で表すと，

比例定数は，$xy=$ [ア]　$\times$　= [イ]

よって，$y=$ [ウ]

 ゼッタイ！これだけ y は x に反比例する → $y=\dfrac{a}{x}$ の式で表せる！

答え [ア] 6, 7　[イ] 42　[ウ] $\dfrac{42}{x}$

練習問題 →解答は別冊 p.15

❶ 次の表はいずれも反比例を表しています。□ をうめて，y を x の式で表しなさい。

(1)
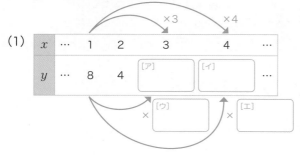

x	…	1	2	3	4	…
y	…	8	4	[ア]	[イ]	…

(2)

x	…	−2	−1	1	2	…	[オ]	…
y	…	[カ]	−20	20	[キ]	…	4	…

❷ y は x に反比例し，$x=4$ のとき $y=10$ です。y を x の式で表しなさい。

また忘れた，なんだっけ？

どうしても解けない場合は
反比例の関係へGO！ **p.78**

これも！プラス これは反比例？

$y=\dfrac{a}{x}$ や $xy=a$ となるものが反比例です。次のような例は x が増えると y が減りますが，反比例ではなく，$y=a-x$ の関係なので気をつけましょう。

例 (1) 15 個のクッキーを x 個食べたときの残りの個数 y 個
$y=15-x$

(2) 1 本 120 円の花を x 本買って 1000 円出したときのおつり y 円
$y=1000-120x$

(3) 兄が持っているシール x 枚と弟が持っているシール y 枚を合わせると 20 枚になる
$x+y=20$　$(y=20-x)$

35 反比例のグラフは双曲線
反比例のグラフ

なぜ学ぶの?

反比例のグラフは，対応する x, y の値を座標とする点 (x, y) を，**なめらかな曲線**で結ぶんだよ。反比例の関係もグラフで表せるようになろう。

1 反比例のグラフはどんな形？

これが大事! $y = \dfrac{6}{x}$ のグラフを表から考える。

x	⋯	-6	⋯	-3	-2	-1	1	2	3	⋯	6	⋯
y	⋯	-1	⋯	-2	-3	-6	6	3	2	⋯	1	⋯

①表の x, y の値の組を座標とする点をとる。
②点と点の間をなめらかな曲線で結ぶ。
　この曲線を**双曲線**という。

グラフは x 軸や y 軸に限りなく近づくけど，決して交わらないし，原点も通らないよ。

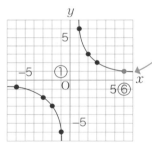

反比例のグラフは点を直線で結ばないんだね。

例 $y = \dfrac{8}{x}$ のグラフをかきましょう。

x	⋯	-8	⋯	-4	-3	-2	-1	1	2	3	4	⋯	8	⋯
y	⋯	-1	⋯	-2	$-\dfrac{8}{3}$	-4	-8	8	4	$\dfrac{8}{3}$	2	⋯	1	⋯

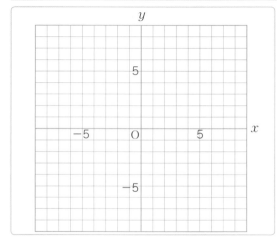

答え
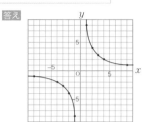

ゼッタイ！これだけ $y = \dfrac{a}{x}$ のグラフは，双曲線！

練習問題

→解答は別冊 p.15

❶ 次の反比例の表を完成させ，グラフをかきなさい。

$$y = \dfrac{12}{x}$$

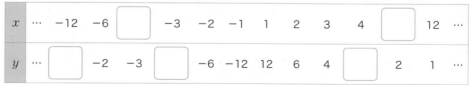

x	⋯	−12	−6		−3	−2	−1	1	2	3	4		12	⋯
y	⋯		−2	−3		−6	−12	12	6	4		2	1	⋯

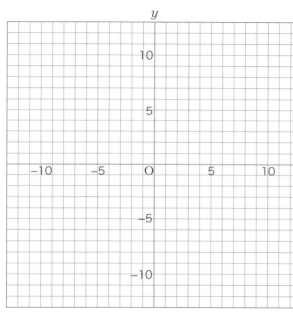

さ，ゲームしよ。

どうしても解けない場合は
反比例の表と式へGO！　**p.80**

 比例定数が負の値のときは？

比例のときは，比例定数 a が負の値だと
グラフの傾きが逆になりましたね。
反比例のときは，比例定数 a が負の値だと
グラフの位置が変わります。

$a > 0$ のとき，グラフは右上と左下
$a < 0$ のとき，グラフは右下と左上

$a > 0$ のとき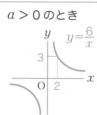

$a < 0$ のとき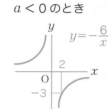

位置が変わるね

36 比例を使って考えよう

比例の利用

なぜ学ぶの？ 身近な問題で，比例を使って解決できることはいろいろあるよ。
一方の値が 2 倍，3 倍，……になったときに，もう一方の値も 2 倍，3 倍，
……になっているときは，比例の関係の式を使おう。

1 比例を利用して問題を解こう

 これが大事！ 同じノートを 20 冊重ねたところ高さが 10 cm になった。
このノート x 冊を重ねたときの高さを y cm とする。

(1) y を x の式で表そう。

ノートの冊数 x を 2 倍にすれば，高さ y も 2 倍になるので
y は x に比例している。比例定数を a とすると，

> 高さ y を冊数 x でわると 1 冊の高さ a（定数）になるから，$y=ax$ の関係で，比例だね。

$$a= \frac{y}{x} = \frac{10}{20} = \frac{1}{2} \text{ より，} y= \frac{1}{2}x$$

(2) このノートを 50 冊重ねたときの高さを求めよう。

$y= \dfrac{1}{2}x$ に $x=50$ を代入すると，

$$y= \frac{1}{2} \times 50 = 25 \text{ より，} 25 \text{ cm}$$

例 同じキャンディ 30 個の重さをはかったら 120 g でした。このキャンディ x 個の
重さを y g とするとき，y を x の式で表しましょう。

キャンディの個数 x を 2 倍にすれば重さ y も [ア]□□□ 倍になるので，

y は x に [イ]□□□ している。

　比例定数を a とすると，

$$a= \frac{y}{x} = \boxed{} = \boxed{} \text{ より，}$$

$$y= \boxed{}$$

答え [ア] 2　[イ] 比例　[ウ] $\dfrac{120}{30}$
[エ] 4　[オ] $4x$

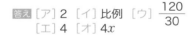

 問題文を読んだら，まず，比例の
関係かどうかを確認する！

練習問題 →解答は別冊 p.16

❶ 同じ大きさの板5枚をむだなく使うと2個の本立てを作ることができるとします。x 枚の板で作れる本立ての個数を y 個とするとき、次の問いに答えなさい。ただし、x は5の倍数とします。

(1) y を x の式で表しなさい。

解き方

(2) 30枚の板で作れる本立ての個数を求めなさい。

解き方

個

❷ ドライブに出かけ、一定の速さで走ったところ3時間で 165 km の道のりを進みました。x 時間走ったときに進んだ道のりを y km とするとき、次の問いに答えなさい。

(1) y を x の式で表しなさい。

解き方

(2) 385 km の道のりを走るのにかかる時間を求めなさい。

解き方

時間

3分だけ寝よっと。

どうしても解けない場合は
比例の表と式へGO! p.72

実際に数えなくてもわかるよ。

同じ種類のねじがたくさんあります。ねじ10個の重さは 5 g でした。このねじが 180 g あるとき、ねじは何個あるでしょう。

ねじの個数は重さに比例します。比例定数を a とすると、
$10=5a$ より、$a=2$ です。
よって、ねじ 180 g の個数は、$2×180=360$
答え 360個
一つ一つ数えなくても、重さから個数がわかります。

37 反比例を使って考えよう

反比例の利用

なぜ学ぶの？

身のまわりには，反比例を使って解決できる問題もいろいろあるよ。一方の値が 2 倍，3 倍，……になったときに，もう一方の値が $\frac{1}{2}$ 倍，$\frac{1}{3}$ 倍，……になっているときは，反比例の関係の式を使おう。

1 反比例を利用して問題を解こう

 これが大事！

お米を 20 人で等分したら 1 人あたり 4 kg になった。x 人で等分したときの 1 人あたりのお米の重さを y kg とする。

(1) y を x の式で表そう。

人数 x を 2 倍にすると取り分 y は $\frac{1}{2}$ 倍になるので，y は x に反比

例している。比例定数を a とすると，

$$a = xy = 20 \times 4 = 80 \text{ より，} y = \frac{80}{x}$$

人数×1 人分の量＝一定だから，反比例だよ。

(2) 16 人で等分するときの 1 人あたりの取り分を求めよう。

$y = \dfrac{80}{x}$ に $x = 16$ を代入すると，

$$y = \frac{80}{16} = 5 \text{ より，} 5 \text{ kg}$$

例 リボンを 8 人で等分したら 1 人あたり 30 cm になりました。x 人で等分したときの 1 人あたりのリボンの長さを y cm とするとき，y を x の式で表しましょう。

人数 x を 2 倍にすると取り分 y は $\boxed{}^{[ア]}$ 倍になるので

y は x に $\boxed{}^{[イ]}$ している。比例定数を a とすると

$a = \boxed{}^{[ウ]} = \boxed{}^{[エ]} = \boxed{}^{[オ]}$ より，

     文字式   数式   数

$y = \boxed{}^{[カ]}$

答え ［ア］$\frac{1}{2}$ ［イ］反比例 ［ウ］xy

［エ］8×30 ［オ］240 ［カ］$\dfrac{240}{x}$

 ゼッタイ！これだけ

問題文を読んだら，まず，比例か反比例かを確認する。

正の数・負の数

文字と式

1次方程式

比例と反比例

平面図形

空間図形

データの活用

練習問題 →解答は別冊 p.16

❶ ある水そうに毎分 6 L ずつ水を入れたら 12 分でいっぱいになりました。毎分 x L ずつ水を入れると y 分でいっぱいになるとするとき，次の問いに答えなさい。

(1) y を x の式で表しなさい。

　解き方

(2) 毎分 9 L ずつ水を入れると何分でいっぱいになりますか。

　解き方

分

❷ 時速 4 km で歩くと 3 時間かかるハイキング・コースがあります。このコースを時速 x km で歩くと y 時間かかるとするとき，次の問いに答えなさい。

(1) y を x の式で表しなさい。

　解き方

(2) 2 時間で歩くには時速何 km で歩けばよいですか。

　解き方

時速 km

もう，やりたくないな～。

どうしても解けない場合は
反比例の表と式へGO！ p.80

これも！プラス 仕事量がわかれば計画できる

6 人ですると 10 日かかる仕事があります。この仕事を x 人ですると，y 日かかるとします。この仕事を 15 人ですると，何日かかりますか。

1 人ですると，6×10＝60（日）かかるから，
　$x=15$ より 15×y＝60
よって，$y=4$　　答え　4 日

おさらい問題

❶ 次の数量の関係について, y が x に比例するものには○を, 反比例するものには△を, どちらでもないものには×を書きなさい。

(1) 100 L の水を x L 使ったときの残りの水の量が y L

(2) 時速 4 km で x 時間歩いた時の進んだ道のりが y km

(3) 面積 6 cm² の三角形の底辺の長さ x cm, 高さ y cm

(4) 空の容器に毎分 3 L ずつ水を入れると, x 分間で y L たまる。

❷ 次の問いに答えなさい。

(1) y は x に比例し, $x=8$ のとき, $y=20$ です。y を x の式で表しなさい。また, $x=-6$ のときの y の値を求めなさい。

(2) y は x に反比例し, $x=6$ のとき, $y=-6$ です。y を x の式で表しなさい。また, $x=-4$ のときの y の値を求めなさい。

❸ 次の問いに答えなさい。

(1) 右の図の, 点 A, B, C の座標を答えなさい。

(2) 右の図に, 次の点をかき入れなさい。
D (−2, 0)　　E (4, 6)

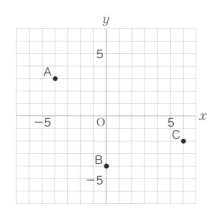

正の数・負の数

文字と式

1次方程式

比例と反比例

平面図形

空間図形

データの活用

④ 次のグラフをかきなさい。

(1) $y = 5x$

(2) $y = -6x$

(3) $y = \dfrac{4}{x}$

(4) $y = -\dfrac{8}{x}$

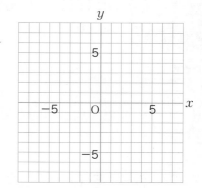

⑤ 歯数 72 の歯車 A と歯数 24 の歯車 B がかみ合っています。歯車 A が x 回転する間に歯車 B が y 回転するとして，次の問いに答えなさい。

(1) y を x の式で表しなさい。

(2) 歯車 A が 15 回転する間に，歯車 B は何回転しますか。

⑥ 1 分間に 24 L ずつ水を入れると 25 分で満水になる水そうがあります。次の問いに答えなさい。

(1) 1 分間に 40 L ずつ水を入れるとき，満水になるのに何分かかりますか。

(2) 1 分間に x L ずつ水を入れると，y 分で満水になるとするとき，y を x の式で表しなさい。

38 図形を記号で表そう
図形の表し方

なぜ学ぶの?

ここからは，いろいろな図形について学んでいくよ。図形や角や辺，平行や垂直などは，記号を使って短く表すことができるよ。

1 記号を使って表そう！

これが
大事!

右の図で，
△ABF…三角形ABF
▱ABCD…平行四辺形ABCD

∠ABC…角ABC
AD∥BC…辺 AD と辺 BC が平行
AF⊥DE…辺 AF と辺 DE が垂直

AD＝BC…辺 AD と辺 BC の長さが等しい
∠ABC＝∠ADC…∠ABC と∠ADC の大きさが等しい
△ABC＝△CDA…三角形 ABC と三角形 CDA の面積が等しい
∠B＝80°…角 B が 80°，AD＝6cm…辺 AD が 6cm

記号を使うとスマートに表せるね。

図にかき込む記号
①辺 AD と辺 BC が平行（→でもよい）
②辺 AF と辺 DE が垂直
③辺 AB と辺 DC の長さが等しい
　（─などでもよい）

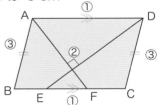

例 右の長方形 ABCD で，次のことを記号を使って表しましょう。

[1] 辺 AB と辺 DC は平行…[ア]

[2] 辺 AB と辺 BC は垂直…[イ]

[3] 角 ABC は 90°…[ウ]

答え [ア]AB∥DC
　　 [イ]AB⊥BC
　　 [ウ]∠ABC＝90°

ゼッタイ!!
これ
だけ

△ABC…三角形 ABC
▱ABCD…平行四辺形 ABCD
$\ell \mathbin{/\mkern-5mu/} m$…$\ell$ と m が平行
$\ell \perp m$…ℓ と m が垂直

練習問題 →解答は別冊 p.17

❶ 右の図について，次の問いに答えなさい。

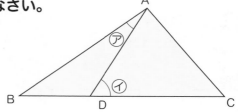

(1) ⑦，④の角を，∠の記号を使って
表しなさい。

(2) 図の中にある3つの三角形をすべて，
△の記号を使って表しなさい。

**❷ 右の図は平行四辺形で，AH は高さです。
この図について，次の問いに答えなさい。**

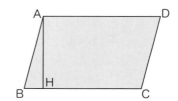

(1) 長さが等しい辺をすべて，＝を使って表し
なさい。

(2) 等しい大きさの角をすべて，＝を使って表しなさい。

(3) AH と辺 BC が垂直であることを，記号を使って表しなさい。

次こそカンペキを
目指す！

これも！プラス 同じ印のところは大きさや長さが等しい

角の大きさや辺の長さが等しいときは，等しいと
ころどうしに同じ印（○や×など）をかきます。
大きさの違う角の組や，長さの違う辺の組には同
じ印をつけないようにします。

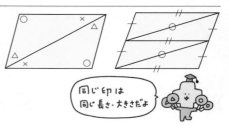

同じ印は
同じ長さ・大きさだよ

39 平行移動・対称移動させよう

平行移動・対称移動

なぜ学ぶの？

形と大きさを変えないで，図形をほかの位置に動かすことを，**移動**するというよ。移動のしかたをかえて，図形をいろいろな場所に移動させてみよう。

1 平行移動とは？

これが大事！ 図形を一定の方向に一定の距離だけずらしてほかの位置へ移動することを，**平行移動**という。

右の図の△ABC と△ABC を平行移動させた△A´B´C´ について，A → A´，B → B´，C → C´ の移動した方向と距離は同じである。

> 平行移動は，図形の向きはかえないで，平面上をすべらせる移動だよ

例 右の図の平行四辺形 ABCD と平行四辺形 ABCD を平行移動させた平行四辺形 A´B´C´D´ について，A → A´，B → B´，C → C´，D → D´ の

移動した [ア] と

[イ] は同じである。

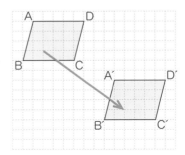

2 対称移動とは？

これが大事！ 図形を，1 本の直線を折り目として折り返すような移動を，対称移動という。

このときに折り目とした直線を，**対称の軸**という。

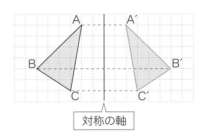

対称の軸

答え ［ア］方向 ［イ］距離
（順不同）

ゼッタイ！これだけ 平行移動…一定の方向に一定の距離ずらした移動。
対称移動…1 本の直線で折り返す移動。

練習問題 →解答は別冊 p.17

1 次の図で，平行移動させると⑧に重ねることができるものをすべて選び，記号で答えなさい。

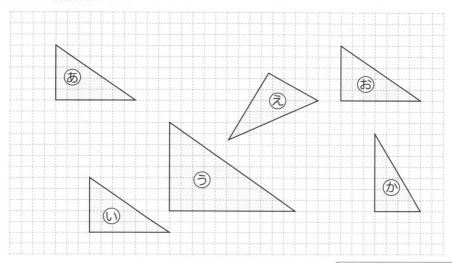

2 次の図において，△ABC を直線ℓ について対称移動させた△A′B′C′ をかきなさい。

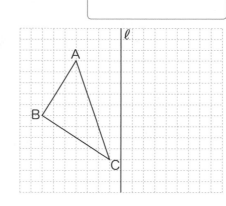

今日はがんばった！

これも！プラス 平行移動と対称移動の特徴

平行移動では，図形の向きはかわりません。向きをかえずにずらします。

対称移動では，対応する点を結ぶ線分は，対称の軸と垂直に交わり，対称の軸によって2等分されます。

右の図で，AD=A′D，BE=B′E，CF=C′F，AA′⊥ℓ，BB′⊥ℓ，CC′⊥ℓ

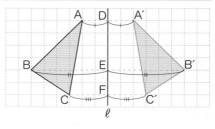

正の数・負の数

文字と式

1次方程式

比例と反比例

平面図形

空間図形

データの活用

40 回転移動させよう
回転移動

なぜ学ぶの?

扇風機の羽根のように, ある点を中心として図形が移動することが回転移動だよ。車のワイパーも回転移動だね。身の回りには回転移動している物がたくさんあるよ。

1 回転移動とは?

これが大事! 図形を, ある点を中心としてある角度だけ回転させることを**回転移動**という。
このときに中心とした点を**回転の中心**という。

> 時計の針も回転移動だね。ほかにどんなものがあるか, 探してみよう。

右の図の△ABC と, 点 O を中心に △ABC を 120° 回転移動させた △A´B´C´ との間には, ∠AOA´=∠BOB´ =∠COC´=120°が成り立つ。
回転移動の中で, 特に, 180°の回転移動を**点対称移動**という。

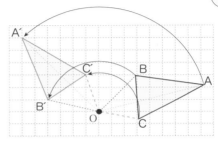

例 右の図の△ABC と, 点 O を中心に △ABC を 90°回転移動させた △A´B´C´ との間には,

∠AOA´ = ∠BOB´

= [ア] ⬚ =90°が

成り立つ。

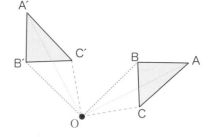

ゼッタイ！これだけ 回転移動…ある点を中心に図形を回転させた移動。

答え [ア] ∠COC´

練習問題 ➡解答は別冊 p.18

❶ 次の図は，中心角が 60°の同じ大きさのおうぎ形を 6 つ組み合わせて できた図形です。

(1) 図形あは，図形えを，点 O を回転の中心として， 時計回りに何度回転移動したものですか。

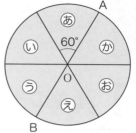

(2) 図形えを，O を回転の中心として反時計回りに回転移動させて図形か と重ねたとき，図形えが移動した角度を答えなさい。

❷ 右の図は，正方形 ABCD を 8 等分したものです。

(1) △ABO を点対称移動した図形はどれですか。

(2) △AOE を点対称移動した図形はどれですか。

なるほどなるほど〜。

これも！プラス 移動を組み合わせると

右の図 A の①にある三角形を ②の場所に移動させるにはど うすればいいでしょうか。

図 B のように，まず直線 ℓ を 対称の軸として対称移動させ ます。次に点 O を回転の中心 として 90°回転させます。

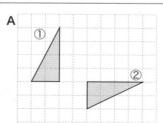

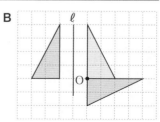

このように，移動を組み合わせると，いろいろな位置に移動させることができます。

41 垂線はどうやってひくの？

垂線の作図

なぜ学ぶの？

定規とコンパスを使うと，正確な図をかくことができるよ。
定規は直線をひくことができるね。コンパスは，円をかくだけでなく，
同じ長さをうつしとるのに使えるよ。

1 垂線の作図

これが大事！ 2直線が垂直であるとき，おたがいを他方の**垂線**という。

〈点Pを通る，直線ℓの垂線のかき方〉

①ℓ上に2点A，Bを適当にとり，
　Aを中心として，半径APの円
　をかく。

②Bを中心として半径BPの円を
　かく。

③2円の交点P，Qを通る直線をひく。

直線ℓの垂線

作図に使った
途中の線は，
消さずに
残しておこう

例 右の図で，点Pを通る，直線ℓの垂線を作図しましょう。

P●

ℓ ——————————————

2 直線，線分，半直線の違いは？

これが大事！ 直線…まっすぐに限りなくのびている線。

線分…直線の一部分で，両端のある線。

半直線…1点を端として一方にだけのびた線。
　　　　半直線ABは点Aが端。
　　　　半直線BAは点Bが端。

A ———————— B
直線AB

A ———————— B
線分AB

A ———————— B
半直線AB

答え

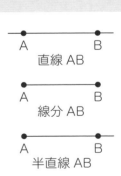

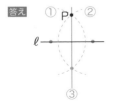

作図では必ず，
●長さはコンパスで測りとる。
●直線は定規でひく。

正の数・負の数

文字と式

1次方程式

比例と反比例

平面図形

空間図形

データの活用

練習問題 →解答は別冊 p.18

❶ 下の図の△ABC で頂点 A を通る，辺 BC の垂線を作図しなさい。

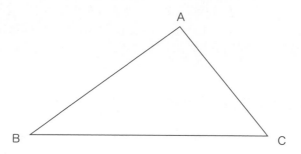

❷ 下の図について，次の点を答えなさい。

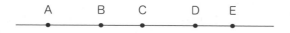

(1) 線分 AD 上にある点

(2) 半直線 BD 上にある点

もうダメだ…。

対称移動した点をかこう

右の図で，点 A を直線ℓ について対称移動させた点A′ を作図しましょう。

点 A と点 A′ は直線ℓ について対称ですから，線分 AA′ は直線ℓ に垂直です。また，AA′ と直線ℓ との交点を P とすると，AP=A′P です。

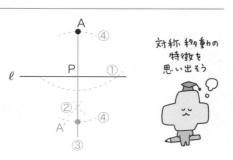

垂直二等分線はどうやってひくの？
垂直二等分線の作図

なぜ学ぶの？
線分 AB の垂直二等分線は，線分 AB の真ん中の点を通る垂線だよ。
垂線の作図が利用できそうだね。垂直二等分線のひき方がわかると，
いろいろな作図をするときに役立つよ。

┃ 線分の垂直二等分線の作図

これが大事！ 線分 AB 上の真ん中の点を**中点**といい，中点を通る垂線を線分 AB の
垂直二等分線という。

〈線分 AB の垂直二等分線のかき方〉
①点 A を中心とする円をかく。
　（半径は好きに決めてよい。）
②点 B を中心とする同じ半径の
　円をかく。
③2 円の交点 P，Q を通る直線をひく。

例 下の図の線分AB の垂直二等分線を作図
しましょう。

A

B

線分を半分に分ける垂線だから，
垂直二等分線っていうんだね。

答え

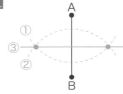

線分 AB の垂直二等分線の作図
点 A，B を中心とした同じ半径の円を 2 つ
かいて，2 つの円の交点を通る直線をひく。

練習問題 →解答は別冊 p.18

❶ 次の図の△ABC で, BC の垂直二等分線を作図しなさい。

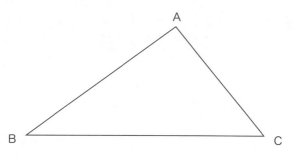

❷ 次の図で, 2点 A, B から等しい距離にある直線ℓ 上の点 P を作図に よって求めなさい。

> 2点 A, B から距離が
> 等しい点は, 線分 AB の
> 垂直二等分線上にあるよ。

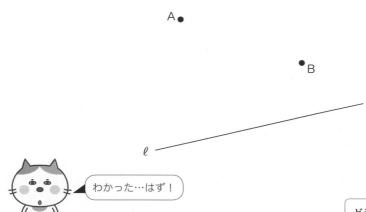

> わかった…はず！

> **どうしても解けない場合は**
> **垂線の作図へGO!** p.96

正の数 負の数

文字と式

1次方程式

比例と反比例

平面図形

空間図形

データの活用

これも！ プラス ## 線分の垂直二等分線

線分 AB の垂直二等分線は, 2点 A, B からの距離が等しい点
の集まりです。

右の図のように, 線分 AB の垂直二等分線上のどこに点 P をとっ
ても, AP=PB となります。

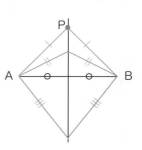

43 角の二等分線はどうやってひくの？

角の二等分線の作図

なぜ学ぶの？

角の二等分線がひけると，いろいろな角度が分度器を使わなくてもかけるようになるよ。まずは角の二等分線のかき方をしっかりマスターしよう。

1 角の二等分線の作図

これが大事！ 次の図のように，点 O から 2 方向にのびる半直線 OA，OB によってできる図形を**角**といい，∠**AOB** と書く。半直線 OA，OB を**辺** OA，OB といい，点 O を**頂点** O という。

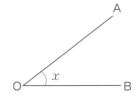

注意 ∠O，∠x と表すこともある。

〈∠**AOB** の二等分線のかき方〉
①点 O を中心とする円をかき，
　辺 OA，OB との交点を P，Q とする。
②P，Q を中心としてそれぞれ
　同じ半径の円をかき，交点を R とする。
③半直線 OR をひく。
　∠AOB を二等分する線上の点は，辺 AO，辺 BO から等距離にある。

例 次の図で，∠AOB の二等分線を作図しましょう。

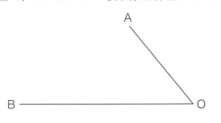

分度器を使わなくても角を半分に分けられるんだね

答え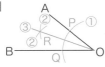

ゼッタイ！ これだけ ∠AOB の二等分線の作図
点 O を中心に円をかき，さらに辺との交点を中心に同じ半径の円を 2 つかく。点 O から 2 つの円の交点に半直線をひく。

練習問題 →解答は別冊 p.18

❶ 次の図の△ABC で，∠B の二等分線を作図しなさい。

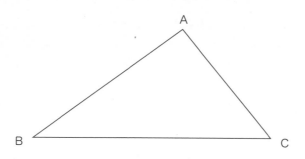

❷ 下の図の平行四辺形で，辺 BA が辺 BC に重なるように折ったときの折り目が辺 AD と交わる点を P とするとき，折り目の線 BP を作図しなさい。

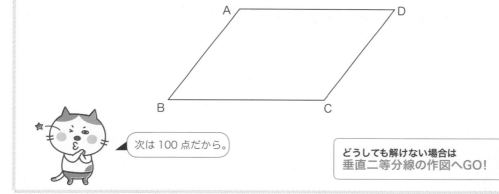

次は 100 点だから。

どうしても解けない場合は
垂直二等分線の作図へGO! p.98

これも！プラス ## 点や直線の距離

点や直線の距離には，次の 3 種類があります。
①**点と点の距離（2 点間の距離）**
　2 点 A，B 間の距離は，線分 AB の長さ。
②**点と直線の距離**
　点 P から直線 ℓ へ垂線をひき，直線 ℓ との交点を Q としたときの線分 PQ の長さ。
③**直線と直線の距離（平行な 2 直線間の距離）**
　平行な 2 直線に共通の垂線をひき，その交点をそれぞれ P，Q としたときの線分 PQ の長さ。
距離とは，いずれも最も短い長さのことです。

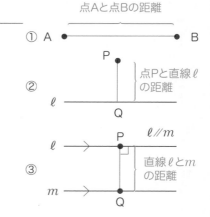

点Aと点Bの距離

① A ●————————● B

② 点Pと直線ℓの距離

③ ℓ∥m　直線ℓとmの距離

正の数・負の数

文字と式

1次方程式

比例と反比例

平面図形

空間図形

データの活用

44 基本の作図を利用しよう

作図の応用

なぜ学ぶの？

これまでに覚えた基本の作図（垂線，線分の垂直二等分線，角の二等分線）を利用すると，いろいろな作図をすることができるよ。

1 角を作図しよう

これが大事！

45°の角を作図しよう。
(1) 直線の垂線をかいて，90°の角を作図する（①②③）。
(2) 90°の角の二等分線をひく（④⑤）。

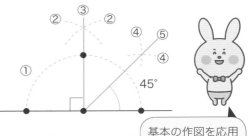

基本の作図を応用して，いろいろな作図ができるよ。

2 平行四辺形の高さを作図しよう

次の平行四辺形の高さを示す線分を作図しましょう。
(1) 底辺の垂線をかく。

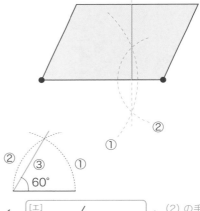

例 30°の角を作図しましょう。

(1) まず [ア]_____ 三角形を作図し，

[イ]_____ の角をつくる。

(2) 60°の角の [ウ]_____ をひく。

[エ]

(2) の手順を作図する。

答え [ア] 正 [イ] 60°
[ウ] 二等分線 [エ]

ゼッタイ！これだけ

60°は正三角形を利用。
90°は垂線を利用。
30°，45°は 60°，90°の二等分線を利用。

正の数・負の数

文字と式

1次方程式

比例と反比例

平面図形

空間図形

データの活用

練習問題 →解答は別冊 p.19

❶ 135°の大きさの角を作図しなさい。

135°は 90°+45°
だから…

❷ 次の 3 点 A, B, C を通る円を作図しなさい。

A ▪

B ▪   ▪ C

3 点 A, B, C から
等しい距離の点が
円の中心になるね。

なんとかなるような気が
してきた。たぶん…。

どうしても解けない場合は
角の二等分線の作図へGO! p.100

これも！
プラス **最短ルートを見つけよう**

地点 A から壁をタッチして地点 B まで行きます。
最短距離で行くにはどうしたらよいでしょう。

下の図で, 点 A から ℓ 上の点 P を通って点 B まで行きます。
最短で行くときの点 P を作図によって求めると,

①直線 ℓ について点 B と対称な点 B′ をとる。
　（点 B を通る直線 ℓ への垂線を利用）
②点 A と点 B′ を結ぶ。
③ AB′ と直線 ℓ との交点が P である。

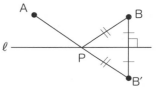

45 円とおうぎ形の用語と性質

円とおうぎ形

なぜ学ぶの？

小学校で学習した円や，円の仲間のおうぎ形について，もっとくわしく知ろう。用語がたくさん登場するけれど，3年生の学習でもまた出てくるので，今しっかり覚えておこう。

1 円とおうぎ形

これが大事！

図1の円Oで，円周上に2点A，Bをとるとき，

弧AB…円周のAからBまでの部分。
$\overset{\frown}{AB}$ と表す。（円周の短いほうも長いほうも両方が弧AB）
弦AB…円周上の2点A，Bを結んだ線分。
おうぎ形…円で，2つの半径と弧で囲まれた図形。
右の図1で，半径OAとOBに囲まれたおうぎ形を，おうぎ形OABという。
中心角…おうぎ形の2つの半径がつくる角。

図1
弧AB
おうぎ形 OAB
弦AB
半径
弧AB

2 円の接線

これが大事！

図2のように，円と直線ℓが1点Pだけを共有するとき，直線ℓは円に**接する**といい，点Pを**接点**，直線ℓを円Oの**接線**という。ℓはOPに垂直である。

図2
O
接点
接線
ℓ
P

例 右の図3で，①の線分ACを
[ア]　　　　　　　という。
②の，BからCの曲線を [イ]　　　　，
③の色を塗った図形を
[ウ]　　　　　　　といい，
直線DEを円Oの [エ]　　　　という。

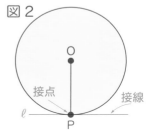

図3
B ② C
③
① O
A
D E

円にはいろんな部分に，名前がついてるんだね。

ゼッタイ！これだけ

弧ABは，Aから時計回りと，反時計回りの2通りがある。

答え [ア] 弦AC　[イ] 弧BC（$\overset{\frown}{BC}$）
[ウ] おうぎ形OBC　[エ] 接線

練習問題 →解答は別冊 p.19

❶ 右の図について，次の問いに答えなさい。

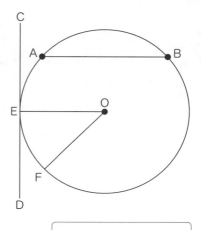

(1) 円周の A から B までの部分を何といいますか。

(2) 点 A と点 B を結んだ線分を何といいますか。

(3) 直線 CD が円 O の接線のとき，∠CEO は何度ですか。

(4) 直線 CD が円 O と点 E で接しているとき，点 E を何といいますか。

(5) 2 つの半径 OE, OF と弧で囲まれた図形を何といいますか。

(6) (5) の図形の∠EOF を何といいますか。

うん，そこそこわかる。

これも！プラス　円を使って正六角形をかこう

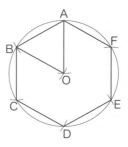

右の図で，OA を半径として，円周をコンパスで A から OA の長さに区切って B とすると，△OAB は正三角形になります。
さらに，B から順に円周を OA の長さに区切っていき，C, D, E, F とすると，ちょうどひと回りして A に戻ります。区切った点を順に結ぶと，正三角形 6 個が集まった正六角形がかけます。

46 おうぎ形の弧の長さや面積を求めよう
おうぎ形の計量

 なぜ学ぶの?

円の周の長さや面積を求めるのに，今までは円周率として3.14を使ったけれど，これからは3.14の代わりにπを使うよ。計算がすごく楽になるよ。

1 円周の長さと円の面積をπを使って表そう

円周率は，3.141592……とどこまでも続く数なので，文字πを使って表す。

$$円周率\ \pi = \frac{(円周)}{(直径)}$$

 これが大事!

半径rの円の周の長さℓと面積Sを，πを使って表すと，

$$円周の長さ\ \ell = 2\pi r \qquad 面積\ S = \pi r^2$$

πは数のあと，文字の前におく。

×3.14の計算をしなくていいから楽だね。

例 半径3cmの円の周の長さは

$2\pi \times \boxed{}^{[ア]} = \boxed{}^{[イ]}$ cm,

半径3cmの円の面積は $\pi \times \boxed{}^{[ウ]} = \boxed{}^{[エ]}$ cm²

2 おうぎ形の弧の長さと面積をπを使って表そう

半径r，中心角$a°$のおうぎ形の弧の長さℓと面積Sを，πを使って表すと，

 これが大事!

$$弧の長さ\ \ell = 2\pi r \times \frac{a}{360} \qquad 面積\ S = \pi r^2 \times \frac{a}{360}$$

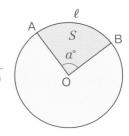

例 半径4cm，中心角90°のおうぎ形の弧の長さは

$$2\pi \times \boxed{}^{[オ]} \times \frac{\boxed{}^{[カ]}}{360} = \boxed{}^{[キ]}\ \text{cm},$$

半径4cm，中心角90°のおうぎ形の面積は

$$\pi \times \boxed{}^{[ク]} \times \frac{\boxed{}^{[カ]}}{360} = \boxed{}^{[ケ]}\ \text{cm}^2$$

答え [ア] 3 [イ] 6π [ウ] 3^2 [エ] 9π [オ] 4
　　 [カ] 90 [キ] 2π [ク] 4^2 [ケ] 4π

 ゼッタイ！これだけ

おうぎ形の弧の長さ $\ell = 2\pi r \times \dfrac{a}{360}$
おうぎ形の面積 $S = \pi r^2 \times \dfrac{a}{360}$

練習問題 →解答は別冊 p.19

❶ 右の円の周の長さと面積を求めなさい。

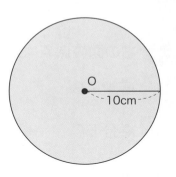

O
10cm

❷ おうぎ形について，次の問いに答えなさい。

(1) 右のおうぎ形の弧の長さと面積を求めなさい。

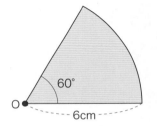

60°
O
6cm

(2) 半径 9 cm，弧の長さが 5π cm のおうぎ形の中心角を求めなさい。

お疲れさま〜。

どうしても解けない場合は
復習問題WebへGO!

これも！プラス おうぎ形の面積のもう1つの求め方

半径 r，中心角 $a°$ のおうぎ形の面積を S，弧の長さを ℓ とすると，

$$S = \pi r^2 \times \frac{a}{360} \cdots ① \qquad \ell = 2\pi r \times \frac{a}{360} = 2 \times \left(\pi r \times \frac{a}{360} \right) \cdots ②$$

②より，$\pi r \times \dfrac{a}{360} = \dfrac{\ell}{2} \cdots ③$

①③より，$S = \pi r^2 \times \dfrac{a}{360} = \pi r \times \dfrac{a}{360} \times r = \dfrac{\ell}{2} \times r$

したがって，$S = \dfrac{1}{2} \ell r$

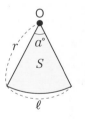

O
$a°$
r
S
ℓ

正の数・負の数

文字と式

1次方程式

比例と反比例

平面図形

空間図形

データの活用

おさらい問題

❶ 右の図の点 A, B, C を使って, 次の線をかきなさい。

(1) 直線 AB

(2) 線分 BC

(3) 半直線 CA

❷ 下の図で, 線分ＡＢと線分ＣＤの関係を, 記号を使って表しなさい。

(1)

(2)

❸ 右の図について, 次の問いに答えなさい。

(1) ①の図形を平行移動させると, どの図形と重なりますか。

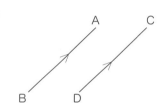

(2) ④の図形を線分 FH を対称の軸として対称移動させ, さらに, 点 G を対称の中心として反時計回りに 90°回転移動させると, どの図形と重なりますか。

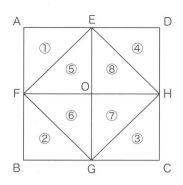

4 下の図で，直線ℓ上にあって，2点A，Bから等しい距離にある点Pを作図しなさい。

A ●

ℓ ──────────────
● B

5 下の直角三角形ABCにおいて，辺AC上に点D，辺AB上に点Eがある正方形CDEFを作図しなさい。

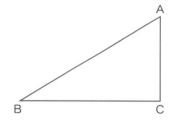

A

B   C

6 半径8cm，中心角45°のおうぎ形について，次の問いに答えなさい。

(1) 弧の長さを求めなさい。

(2) 面積を求めなさい。

(3) 周りの長さを求めなさい。

47 立体を形で分けよう
いろいろな立体

なぜ学ぶの? ここからは，小学校で学習した角柱や円柱のような立体についてくわしく見ていくよ。立体を知るために，まずは立体を形で分けてみよう。身の回りにある容器や建物はどの立体になるかな?

1 角柱・円柱

これが大事!

三角柱　四角柱　五角柱　円柱

底面
側面
底面

角柱は，底面の形によって，三角柱，四角柱，……という。
底面が正三角形，正方形，……で，側面がすべて合同な長方形のとき，正三角柱，正四角柱，……という。

例 底面が十角形の角柱は，[ア]　　　　という。

立方体や直方体は四角柱の仲間，正四面体は三角錐の仲間だよ。

2 角錐・円錐

これが大事!

三角錐　四角錐　五角錐　円錐(えんすい)

側面
底面

角錐(かくすい)も角柱と同じように，底面の形で名称が決まる。
底面が正三角形，正方形，……で，側面がすべて合同な二等辺三角形のとき，正三角錐，正四角錐，……という。

3 多面体

これが大事! 平面だけで囲まれた立体を**多面体**(ためんたい)といい，面の数によって四面体，五面体，…という。多面体のうち，以下の5つを正多面体という。

正四面体　正六面体(立方体)　正八面体　正十二面体　正二十面体

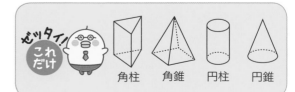
ゼッタイ！これだけ
角柱　角錐　円柱　円錐

答え [ア] 十角柱

110

正の数・負の数

文字と式

1次方程式

比例と反比例

平面図形

空間図形

データの活用

練習問題 →解答は別冊 p.20

❶ 次の [　　　　] をうめなさい。

(1) 右の図形は, 底面の形から [ア] [　　　　] というが,

面の数から [イ] [　　　　] ということもある。

(2) 直方体や立方体は, 底面の形から [ウ] [　　　　] ということもできる

が, 面の数からいうと, 直方体は [エ] [　　　　], 立方体は

[オ] [　　　　] という。

(3) 底面が円で柱状の立体は [カ] [　　　　] という。底面が円で上がと

がっている立体は [キ] [　　　　] という。

(4) 三角錐の見取図をかきなさい。
（辺の長さは適当でよい。）

[ク]

(5) すべての辺が等しい [ケ] [　　　　] は正四面体である。

眠くなってきた…。

どうしても解けない場合は
復習問題WebへGO!

これも！
プラス

多面体・正多面体とは

角柱や角錐のように, 平面だけで囲まれた立体を多面体といいます。円柱や円錐は曲面があるから多面体ではありません。

○多面体

面の数が一番少ない多面体は三角錐で, 四面体です。
三角柱と四角錐は面の数が5つなので五面体です。

正多面体は, すべての面が合同な正多角形で, どの頂点にも
同じ数だけ面が集まり, へこみのない多面体です。

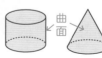
曲面
×多面体

111

48 立体を真正面や真上から見ると？

投影図

なぜ学ぶの?

立体を表す方法として，これまでに見取図と展開図を学んだね。
立体を真正面や真上から見て，それぞれを平面に表す方法もあるよ。

1 投影図とは？

これが大事! 立体を真正面や真上から見て，平面に表した図を投影図という。

〈三角柱の見取図〉   〈三角柱の投影図〉

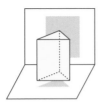

真正面から見た図
（立面図）

真上から見た図
（平面図）

見えない辺を点線でかき，対応する点をつなぐ。

投影図は，正面と真上から撮った白黒写真みたいだね。

2 いろいろな投影図

これが大事!

〈円柱〉

〈正四角錐〉

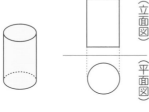

（立面図）
（平面図）

例 下の図の①，②の投影図を右の
ア〜エから選びなさい。

①   ②

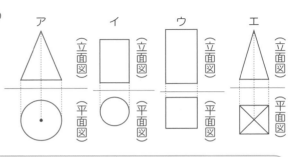

ア　イ　ウ　エ
（立面図）（平面図）

ゼッタイ! これだけ 投影図は，真正面から見た図と真上から見た図をかく。
見える線は実線で，見えない線は点線でかく。

答え ①ウ　②ア

練習問題 →解答は別冊 p.20

❶ 次の投影図で表される立体の名前を下のア～カから選びなさい。

(1)
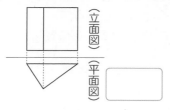
（立面図）
（平面図）

(2)

（立面図）
（平面図）

ア 三角柱　イ 四角柱　ウ 円柱　エ 三角錐　オ 四角錐　カ 円錐

❷ 次の立体の投影図を完成させなさい。

(1) 底面が半径 0.5 cm の円で
高さが 2 cm の円柱

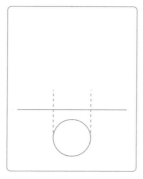

(2) 底面が 1 辺 1.5 cm の正方形
で高さが 2 cm の正四角錐

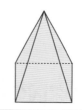

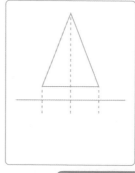

まあまあ
できたかな。

どうしても解けない場合は
復習問題WebへGO!

これも！プラス 見る方向が大事

円柱を図の左のように置いて真正面から見ると，投影図は右のようになります。
この投影図では，角柱とまちがえて
しまいます。
立体の形がはっきりとわかる
位置から見た図を
かきましょう。

真正面

〈立面図〉
〈平面図〉

角柱？

49 展開図から立体を考えよう
展開図

なぜ学ぶの?

展開図も立体の表し方の一つだね。展開図は立体を切り開いて平面に広げたものだけど、どこから切り開くかによって、いろいろな形の展開図ができるよ。箱を組み立てるときにも展開図が必要だね。

1 角柱の展開図の例

これが
大事!

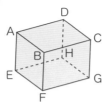

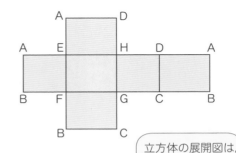

立方体の展開図は、11種類のかき方があるよ。

2 角錐の展開図の例

これが
大事!

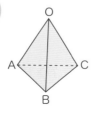

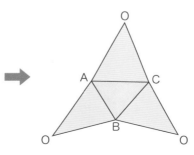

例 下の正四角錐は、底面が正方形、4つの側面が二等辺三角形です。この正四角錐の展開図をかきましょう。

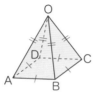

答え (例)

ゼッタイ
これ
だけ

重なる辺は、等しい長さでかく。

正の数・負の数

文字と式

1次方程式

比例と反比例

平面図形

空間図形

データの活用

練習問題 →解答は別冊 p.21

❶ 次の三角柱の展開図をかきなさい。

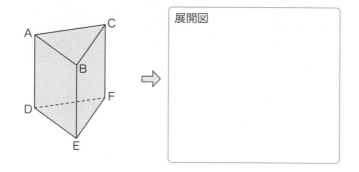

展開図

❷ 次の展開図をもとにその立体の見取図をかきなさい。

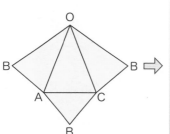

⇨ 見取図

これでわかったも
同然だ。

どうしても解けない場合は
復習問題WebへGO!

 円柱や円錐の展開図

右の図の円柱の展開図で，側面の長方形の
横の長さ AB は，底面の円周の長さと同じ
なので，$2\pi r$cm です。

右の図の円錐の展開図で，弧 AB の長さは，
底面の円周の長さと等しいので，
$\overparen{AB}=2\pi r$(cm) です。

おうぎ形の中心角を求めると，次のようになります。

$$\frac{2\pi r}{2\times 3\,r\times\pi}\times 360°=\frac{1}{3}\times 360°=120°$$

円柱の展開図

円錐の展開図

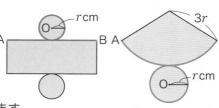

太線が同じ
長さだね。

50 空間内の平面や直線の位置関係
直線や平面の位置関係

なぜ学ぶの？

平面上では，直線どうしは交わるか平行かのどちらかだったけど，空間内では，平行でもなく交わることもない場合があるよ。
直線や平面の位置関係を考えてみよう。

1 2直線の位置関係

これが大事！

❶交わる　　　❷交わらない

交点

$\ell /\!/ m$　　　ねじれの位置

平行でなく，交わらない2直線は，ねじれの位置にあるという。

2 直線と平面の位置関係

これが大事！

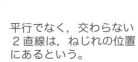
えんぴつを直線，ノートを平面に見立てて，いろいろ試してみよう。

❶交わる

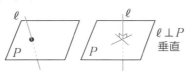

$\ell \perp P$
垂直

❷交わらない

$\ell /\!/ P$
平行

直線が平面上にある

3 平面の位置関係

これが大事！

❶交わる

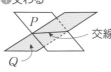

交線

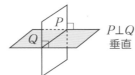

$P \perp Q$
垂直

❷交わらない

$P /\!/ Q$
平行

例 右の図の三角柱で
辺 AB と平行な辺は [ア]

辺 AB と垂直な辺は [イ] の3本

辺 AB と交わっている辺は [ウ] の4本

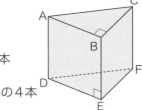

ゼッタイ！これだけ
辺 AB とねじれの位置にある辺は，辺 AB を含む面上にはない。

答え [ア] 辺DE　[イ] 辺AD, 辺BE, 辺BC
[ウ] 辺AD, 辺BE, 辺AC, 辺BC

練習問題 →解答は別冊 p.21

❶ 下の図のような直方体について，次の問いに答えなさい。

(1) 辺 AB と平行な辺をすべて答えなさい。

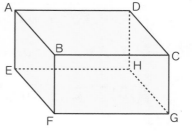

(2) 辺 AB と垂直な辺をすべて答えなさい。

(3) 辺 AB とねじれの位置にある辺をすべて答えなさい。

(4) 辺 DH と垂直な面をすべて答えなさい。

(5) 辺 DH と平行な面をすべて答えなさい。

(6) 面 EFGH と垂直な面をすべて答えなさい。

(7) 面 EFGH と平行な面をすべて答えなさい。

よし，いける！

 点と平面との距離は？

点と平面との距離は，点から平面にひいた垂線の長さで，点と平面上の点を結ぶ線分のうち，最も短いものです。角錐や円錐の高さは，頂点と底面との距離になります。

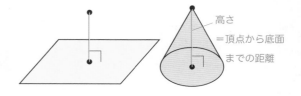

高さ
=頂点から底面までの距離

51 面や線を動かしてできる立体
立体の構成

なぜ学ぶの?

線や，いろいろな平面図形を動かすことで，立体ができるよ。
立体を見て，どのような図形をどのように動かしたものかがわかるようになろう。

1 動いてできる図形

これが
大事!

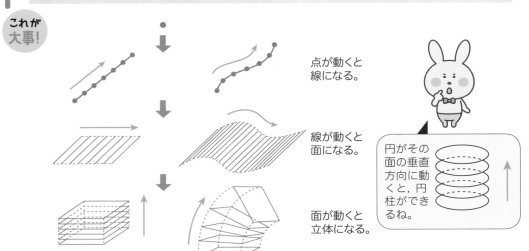

点が動くと
線になる。

線が動くと
面になる。

面が動くと
立体になる。

円がその
面の垂直
方向に動
くと，円
柱ができ
るね。

2 回転体

これが
大事!

平面図形を同一平面上の直線を軸
として 1 回転させてできる立体を
回転体という。
円柱，円錐，球などは回転体である。
軸となる直線を回転の軸，側面を
えがく線分を母線という。

例 直角三角形を，底辺に垂直な辺を軸として 1 回転させると，[ア]　　　ができる。

長方形や正方形を，1 つの辺を軸として 1 回転させると，[イ]　　　ができる。

半円を，直径を軸として 1 回転させると，[ウ]　　　ができる。

ゼッタイ！
これ
だけ

● 面を動かすと立体ができる。
● 円柱や円錐，球は回転体。

答え [ア] 円錐　[イ] 円柱　[ウ] 球

練習問題 →解答は別冊 p.21

❶ 五角形を，それを含む平面と垂直な方向に一定の距離だけ動かしてできる立体を答えなさい。また，見取図をかきなさい。

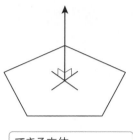

見取図

できる立体

❷ 下の図のような図形を，直線 ℓ を軸として1回転させてできる立体の見取図をかきなさい。

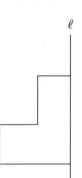

見取図

もう完全に
忘れてたぜ！

これも！プラス 空洞のある立体

回転の軸から離れたところにある図形を，軸の周りに1回転させると，空洞のある回転体ができます。ドーナツは，円を離れた軸の周りに回転させた立体とみることができますね。

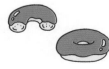

正の数 負の数　文字と式　1次方程式　比例と反比例　平面図形　空間図形　データの活用

52 角柱や円柱の体積を求めよう

角柱・円柱の体積

なぜ学ぶの？

角柱や円柱の体積の公式は，体積を V，面積を S，高さを h として，すっきりした形で表せるよ。小学校で学習した体積の求め方を思い出そう。

1 角柱の体積

これが大事！ 体積を V，底面積を S，高さを h とすると，$V=Sh$

 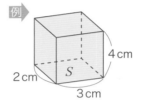

$$V=\underset{S}{2\times 3}\times \underset{h}{4}$$
$$=6\times 4$$
$$=24$$
（答え）24 cm³

例 下の図の三角柱の体積 V は，

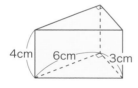

$$V=\frac{1}{2}\times \underset{S}{\boxed{[ア]\qquad \times \qquad}}\times \underset{h}{4}$$

$\boxed{[イ]\qquad}$ cm³

2 円柱の体積

これが大事！ 体積を V，底面積を S，高さを h とすると，$V=Sh$

 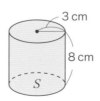

$$V=\pi \times 3^2 \times 8$$
$$=9\pi \times 8$$
$$=72\pi$$
（答え）72π cm³

角柱と円柱の体積の公式は同じだよ。

ゼッタイ！これだけ 角柱・円柱の体積
● $V=Sh$ （S は底面積，h は高さ）

練習問題 →解答は別冊 p.21

❶ 下の図のように，底面が上底 3 cm，下底 5 cm，高さ 3 cm の台形で，高さ 4 cm の四角柱の体積を求めなさい。

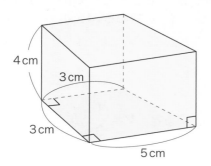

$$\boxed{}\,\text{cm}^3$$

❷ 下の図のような円柱の体積を求めなさい。

$$\boxed{}\,\text{cm}^3$$

疲れた……もうダメ……。

どうしても解けない場合は
復習問題WebへGO!

これも！
プラス **図形の面積の公式を確認！**

小学校で習った面積の公式はいくつかありましたね。長方形や三角形だけでなく，次のような図形の面積の求め方も確認しておきましょう。

台形の面積	平行四辺形の面積	ひし形の面積
$\dfrac{1}{2}\times(上底+下底)\times高さ$	底辺×高さ	$\dfrac{1}{2}\times対角線\times対角線$

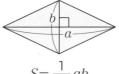

$$S=\frac{1}{2}(a+b)h \qquad\qquad S=ah \qquad\qquad S=\frac{1}{2}ab$$

正の数・負の数

文字と式

1次方程式

比例と反比例

平面図形

空間図形

データの活用

53 角錐や円錐の体積を求めよう

角錐・円錐の体積

なぜ学ぶの？ 角錐や円錐の体積も，体積を V，面積を S，高さを h として表す公式があるよ。角柱や円柱のときのように値を代入して簡単に求められるよ。

1 角錐の体積

これが大事！ 体積を V，底面積を S，高さを h とすると，$V = \dfrac{1}{3}Sh$

例 高さ 4cm，2cm，3cm

$$V = \frac{1}{3} \times \underset{S}{2} \times \underset{S}{3} \times \underset{h}{4}$$
$$= 8$$
（答え）$8\ \text{cm}^3$

2 円錐の体積

体積を V，底面積を S，高さを h とすると，$V = \dfrac{1}{3}Sh$

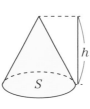

8cm，3cm

$$V = \frac{1}{3} \times \underset{S}{9\pi} \times \underset{h}{8}$$
$$= 24\pi$$
（答え）$24\pi\ \text{cm}^3$

角錐の体積は，角柱の体積を $\dfrac{1}{3}$ 倍すればいいんだね。

例 下の図の円錐の体積 V は

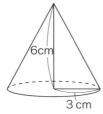

6cm，3cm

$$V = \frac{1}{3} \times \boxed{}^{[ア]} \times 6$$

$$= \boxed{}^{[イ]}\ \text{cm}^3$$

ゼッタイ！これだけ 角錐・円錐の体積

● $V = \dfrac{1}{3}Sh$

（S は底面積，h は高さ）

答え [ア] 9π　[イ] 18π

練習問題 →解答は別冊 p.21

① 下の図のような角錐の体積を求めなさい。

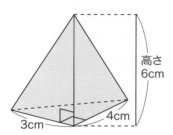

高さ
6cm

3cm　　4cm

[　　　　　　　] cm³

② 下の図のような図形の体積を求めなさい。

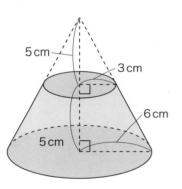

5cm

3cm

6cm

5cm

[　　　　　　　] cm³

今日はここまで〜★

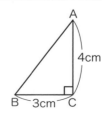

これも！プラス **平面図形を回転させた立体の体積**

右の図のような AC＝4 cm, BC＝3 cm の直角三角形を AC を軸として 1 回転させたときの体積を求めましょう。

回転させた立体は円錐だから, 体積は

式 $\dfrac{1}{3}\pi \times 3^2 \times 4 = 12\pi$　　答え 12π cm³

A

4cm

B　3cm　C

54 角柱や円柱の表面積を求めよう
角柱・円柱の表面積

なぜ学ぶの?

立体の表面全体の面積を**表面積**というよ。立体の表面積を求めるときは，展開図で考えるとよくわかるんだ。まずは，角柱・円柱の表面積を考えてみよう。

1 角柱・円柱の表面積

これが大事! 立体のすべての面の面積の和を**表面積**，1つの底面の面積を**底面積**，側面全体の面積を**側面積**という。

$$（角柱・円柱の表面積）＝（底面積）×2＋（側面積）$$

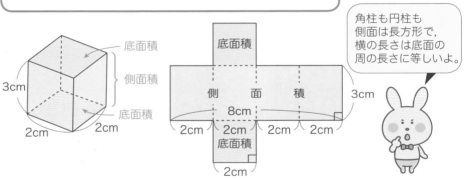

角柱も円柱も側面は長方形で，横の長さは底面の周の長さに等しいよ。

上の四角柱の表面積は，
$(2×2)×2＋(3×8)＝8＋24$
（底面積）（側面積）
$＝32 (cm^2)$

例 下の図の円柱の表面積は，

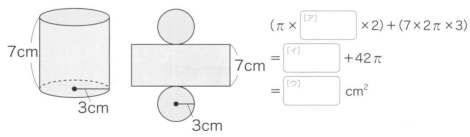

$(π × \boxed{[ア]} ×2)＋(7×2π×3)$

$＝\boxed{[イ]} ＋42π$

$＝\boxed{[ウ]} cm^2$

ゼッタイ! これだけ （角柱・円柱の表面積）＝（底面積）×2＋（側面積）

答え [ア] 3^2 (9) [イ] $18π$ [ウ] $60π$

練習問題 →解答は別冊 p.22

1 次の三角柱の底面積，側面積，表面積を求めなさい。

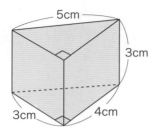

底面積 ◻ cm²

側面積 ◻ cm²

表面積 ◻ cm²

2 次の円柱の底面積，側面積，表面積を求めなさい。

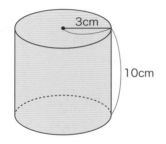

底面積 ◻ cm²

側面積 ◻ cm²

表面積 ◻ cm²

そうそう，ここが
わからないんだよねー。

どうしても解けない場合は
復習問題Webへ GO!

これも！プラス ## 角柱の側面積の求め方

角柱の側面は，切り開くと1つの長方形になりますね。
側面積を求めるときは，側面のそれぞれの長方形の面積を求めてたすのではなく，切り開いたときの1つの長方形として考えると，1回で計算できます。

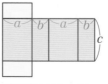

側面積は $2(a+b) \times c$

1回で計算しよう

55 角錐や円錐の表面積を求めよう

角錐・円錐の表面積

なぜ学ぶの? 角錐や円錐の表面積も，展開図で考えよう。円錐の表面積では，おうぎ形の面積が出てくるよ。面積の求め方を忘れたら，**46** に戻って復習しておこう。

1 角錐・円錐の表面積

これが大事!
（角錐・円錐の表面積）＝（底面積）＋（側面積）

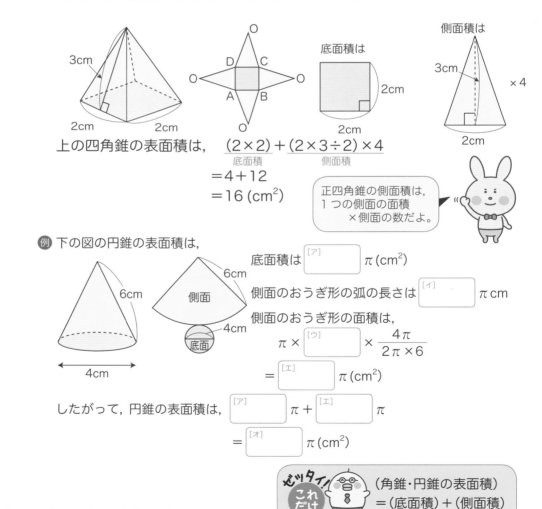

上の四角錐の表面積は， $\underset{\text{底面積}}{(2\times2)}+\underset{\text{側面積}}{(2\times3\div2)\times4}$

$=4+12$

$=16\,(\text{cm}^2)$

正四角錐の側面積は，1つの側面の面積×側面の数だよ。

例 下の図の円錐の表面積は，

底面積は $\boxed{}^{[ア]}\pi\,(\text{cm}^2)$

側面のおうぎ形の弧の長さは $\boxed{}^{[イ]}\pi\,\text{cm}$

側面のおうぎ形の面積は，

$\pi\times\boxed{}^{[ウ]}\times\dfrac{4\pi}{2\pi\times6}$

$=\boxed{}^{[エ]}\pi\,(\text{cm}^2)$

したがって，円錐の表面積は， $\boxed{}^{[ア]}\pi+\boxed{}^{[エ]}\pi$

$=\boxed{}^{[オ]}\pi\,(\text{cm}^2)$

ゼッタイこれだけ （角錐・円錐の表面積）＝（底面積）＋（側面積）

答え [ア] 4 [イ] 4 [ウ] 36 [エ] 12 [オ] 16

練習問題 →解答は別冊 p.22

❶ 次の正四角錐の底面積，側面積，表面積を求めなさい。

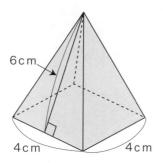

6cm

4cm　4cm

底面積 [　　　　　] cm²

側面積 [　　　　　] cm²

表面積 [　　　　　] cm²

❷ 次の円錐の底面積，側面積，表面積を求めなさい。

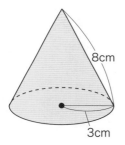

8cm

3cm

底面積 [　　　　　] cm²

側面積 [　　　　　] cm²

表面積 [　　　　　] cm²

わからないけど，
とりあえずやってみる？

どうしても解けない場合は
おうぎ形の計量へGO! p.106

これも！プラス　**展開図から表面積を求める**

右の展開図から円錐の表面積を求めましょう。

おうぎ形の弧の長さは，底面の円周の長さと同じだから，6π cm

おうぎ形の半径 r cm は，$2\pi r \times \dfrac{120}{360} = 6\pi$ より，$r=9$

円錐の表面積は，$3^2\pi + 9^2\pi \times \dfrac{120}{360} = (9+27)\pi$

$= 36\pi$ (cm²)

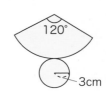

120°

3cm

あと どこが わかれば
求められるかな？

正の数・負の数

文字と式

1次方程式

比例と反比例

平面図形

空間図形

データの活用

127

56 球の体積や表面積を求めよう
球の計算

なぜ学ぶの?
球の体積や表面積は，求める公式を覚えてしまおう。一度覚えてしまえば，計算は難しくないので，テストでは得点のチャンスだよ。
体積と表面積がごちゃまぜにならないように気をつけよう。

1 球の体積

これが大事!
半径 r の球の体積を V とすると，

$$V = \frac{4}{3}\pi r^3$$

半径 2 cm の球の体積は，

$$\frac{4}{3}\pi \times 2^3 = \frac{32}{3}\pi \ (\text{cm}^3)$$

球

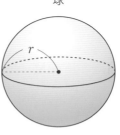

例 半径 3 cm の球の体積は，

$$\frac{4}{3}\pi \times \boxed{}^{[ア]} = \boxed{}^{[イ]} \ (\text{cm}^3)$$

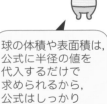
球の体積や表面積は，公式に半径の値を代入するだけで求められるから，公式はしっかり覚えておこう。

2 球の表面積

これが大事!
半径 r の球の表面積を S とすると，

$$S = 4\pi r^2$$

半径 2 cm の球の表面積は，
$$4\pi \times 2^2 = 16\pi \ (\text{cm}^2)$$

例 半径 3 cm の球の表面積は，

$$4\pi \times \boxed{}^{[ウ]} = \boxed{}^{[エ]} \ (\text{cm}^2)$$

ゼッタイ！ これだけ
半径 r の球の体積 V，表面積 S は，
$$V = \frac{4}{3}\pi r^3 \qquad S = 4\pi r^2$$

答え [ア] 3^3（27） [イ] 36π
[ウ] 3^2（9） [エ] 36π

練習問題　→解答は別冊 p.22

① 次の球の表面積と体積を求めなさい。

(1) 半径 1 cm の球

表面積 □ cm²

体積 □ cm³

(2) 半径 4 cm の球

表面積 □ cm²

体積 □ cm³

② 右の図のような半径 3 cm の半球の表面積と体積を求めなさい。

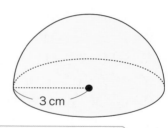

3 cm

表面積 □ cm²

体積 □ cm³

できたー！

これも！プラス
円柱にぴったり入る球の体積

右の図のように，高さ 6 cm の円柱に，球がぴったり入っています。
この球の体積を求めましょう。
球の直径は 6 cm だから，半径は 3 cm。

よって，球の体積は $\dfrac{4}{3}\pi \times 3^3 = 36\pi$ （cm³）

（これは円柱の体積 54π cm³ の $\dfrac{2}{3}$ にあたります。）

6cm

正の数・負の数

文字と式

1次方程式

比例と反比例

平面図形

空間図形

データの活用

おさらい問題

① 次の立体はそれぞれ何面体ですか。

(1)

(2)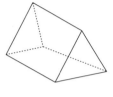

(3)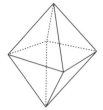

② 右の図の直方体について，次の辺や面を答えなさい。

(1) 辺 AB と平行な辺
(2) 辺 EF と垂直に交わる辺
(3) 辺 CG とねじれの位置にある辺
(4) 面 ABCD に垂直な辺
(5) 面 BFGC に平行な辺
(6) 面 AEHD に垂直な面

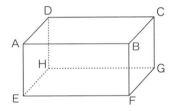

③ 右の図は，立方体の展開図です。この展開図を組み立てて，立方体を作るとき，次の問いに答えなさい。

(1) 面アと平行になる面はどの面ですか。

(2) 面エと垂直になる面はどの面ですか。

❹ 次のような図形を，直線 ℓ を軸として回転させてできる立体の見取図をかきなさい。

（1）

（2）

❺ 次の立体の体積と表面積を求めなさい。

（1）底面が長方形の角柱

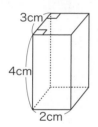

（2）円柱

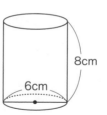

❻ 次の立体の体積を求めなさい。(1) の底面は長方形，(2) は球の $\frac{1}{8}$ です。

（1）

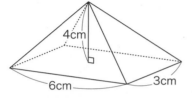

（2）

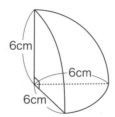

正の数・負の数

文字と式

1次方程式

比例と反比例

平面図形

空間図形

データの活用

データを整理しよう
度数分布表

なぜ学ぶの?

データを整理して表にまとめると，データの特徴がよくわかるようになるよ。クラス全員のテストの得点を表にすると，クラス全体の理解度がどの程度かなどがわかるね。

1 データの整理とは？

これが大事! 右のようなデータの分布を，共通点を探しながら整理すると，特徴がつかめてくる。

1組の生徒が予習に費やした時間 (分)
27, 44, 32, 42, 31
39, 51, 43, 42, 43
42, 33, 47, 29, 48
32, 44, 37, 40, 36

2 度数分布表とは？

これが大事! データを右の表のように整理したものを，**度数分布表**という。

1つ1つの区間を**階級**といい，

区間の幅を**階級の幅**，

それぞれの階級に入る記録の個数を，

その階級の**度数**という。

それぞれの階級のまん中の値を**階級値**という。

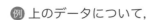

予習に費やした時間

階級(分)	度数(人)
以上　未満 25 ～ 30	2
30 ～ 35	4
35 ～ 40	3
40 ～ 45	8
45 ～ 50	2
50 ～ 55	1
合計	20

右の度数分布表で，階級の幅は 30 － 25＝5 (分)
30 分以上 35 分未満の階級の度数は 4 (人)
階級値は (35＋30)÷2 ＝32.5 (分)
度数の最も多い階級は 40 分以上 45 分未満

> 度数を調べるときは，数えたデータに印をつけて，階級ごとに「正」の字を書いていこう。

例 上のデータについて，

(1) データは [ア]　　　 人について調べている。

(2) 度数が 3 番目に多い階級は [イ]　　　　　　　　　。

(3) 50 分以上 55 分未満の階級の階級値は [ウ]　　　 分

ゼッタイ! これだけ

- 階級ごとにデータの個数をまとめた表を度数分布表という。
- 最後に，データの個数と表の合計が合っているかを確かめる。

答え [ア] 20
[イ] 35分以上40分未満の階級
[ウ] 52.5

練習問題

➡解答は別冊 p.23

1 下の数値は，あるクラスの生徒 30 人の数学のテストの得点です。次の問いに答えなさい。

42	32	77	55	64	52	62	63	51	60
72	44	62	55	38	58	57	40	73	49
61	58	59	55	63	41	43	58	49	41

(1) 右の度数分布表の度数のらんをうめて，表を完成させなさい。

数学の得点

階級(点)	度数(人)
以上　未満 30 ～ 40	
40 ～ 50	
50 ～ 60	
60 ～ 70	
70 ～ 80	
合計	30

(2) 階級の幅を答えなさい。

(3) 度数の最も多い階級を答えなさい。

(4) 点数が 60 点未満の生徒の数を求めなさい。

いまやるしかないか…。

これも！プラス　データの範囲とは？

データの中で，最も小さい値を**最小値**，最も大きい値を**最大値**，最大値と最小値の差を**分布の範囲**といいます。

範囲＝最大値－最小値

右のデータの時間の範囲は，最大値が 51 分，最小値が 27 分なので，

51 － 27＝24（分）

予習に費やした時間（分）

最小値　27, 44, 32, 42, 31　最大値
39, 51, 43, 42, 43
42, 33, 47, 29, 48
32, 44, 37, 40, 36

最大値と最小値をさがそう！

58 ヒストグラムとは？
度数分布表とヒストグラム

なぜ学ぶの？

度数分布表をグラフにしたものが**ヒストグラム**だよ。ヒストグラムにすると，どのあたりが多いかや，データのちらばりのようすがひと目でわかるね。

1 ヒストグラムとは？

これが大事！ 各階級の度数を柱状グラフにしたものを，ヒストグラムという。グラフにすると，**ちらばりのようす**がよくわかる。

左下の度数分布表からヒストグラムをかくと，右下の図のようになる。

予習に費やした時間

階級（分）	度数（人）
以上　未満 25 ～ 30	2
30 ～ 35	4
35 ～ 40	3
40 ～ 45	8
45 ～ 50	2
50 ～ 55	1
合計	20

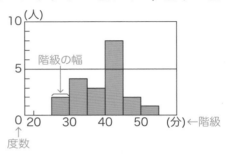

例 右のデータを見て，度数分布表とヒストグラムを完成させましょう。

復習に費やした時間

階級（分）	度数（人）
以上　未満 25 ～ 30	0
30 ～ 35	2
35 ～ 40	[ア]
40 ～ 45	9
45 ～ 50	1
50 ～ 55	0
合計	20

復習に費やした時間 (分)
47, 44, 39, 35, 44
44, 37, 31, 42, 38
39, 40, 42, 36, 33
38, 41, 37, 43, 43

棒グラフはそれぞれの棒の長さを比べるけど，ヒストグラムは全体の分布のようすを見るんだよ。

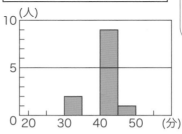

答え [ア] 8

ゼッタイ！これだけ

ヒストグラム…
● データのちらばりのようすがわかる。
● 縦軸は度数，横軸は階級，長方形は間をあけずにつなげてかく。

正の数・負の数

文字と式

1次方程式

比例と反比例

平面図形

空間図形

データの活用

練習問題 →解答は別冊 p.23

❶ 下のデータは，あるクラスの生徒 30 人の数学のテストの得点です。次の問いに答えなさい。

63	32	77	41	64	52	62	63	51	60
72	44	62	55	38	58	57	40	73	49
61	58	59	55	63	41	55	72	49	41

(1) 下の度数分布表の度数のらんをうめて，表を完成させなさい。また，作成した度数分布表をもとにして，ヒストグラムをつくりなさい。

数学の得点

階級（点）	度数（人）
以上　未満 30 ～ 40	
40 ～ 50	
50 ～ 60	
60 ～ 70	
70 ～ 80	
合計	30

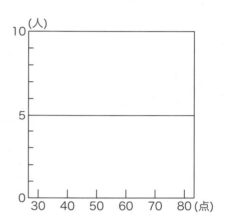

(2) 度数の最も多い階級を答えなさい。

(3) 点数が 60 点未満の生徒の数を求めなさい。

あせらず，ゆっくりいこう。

どうしても解けない場合は
度数分布表へGO！ p.132

これも！プラス **度数分布多角形**

ヒストグラムの両端には度数 0 の階級があると考えて，ヒストグラムの各長方形の上の辺の中点を順に結んだ折れ線グラフを，**度数分布多角形（度数折れ線）** といいます。度数分布多角形に表すと，全体の形や頂点の位置，左右への広がり具合などがとらえやすくなります。

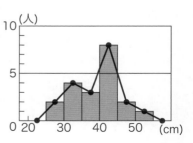

135

59 データの代表値って何？

代表値

なぜ学ぶの？

小学校で学習した平均値も代表値の一つだよ。そのほかに，目的によって，いくつかの値が代表値として使われるんだ。代表値を調べることで，そのデータにどんな特徴があるかがわかるよ。

1 代表値とは？

データ全体を代表する値を，**代表値**という。
代表値には，**平均値**，**中央値**，**最頻値**などがある。

これが大事!

平均値…データの値の合計をデータの個数でわった値。
中央値…データの値を大きさの順に並べたときに，ちょうど**真ん中**にくる値。**メジアン**ともいう。
最頻値…データの中で最も多く出てくる値。度数分布表では度数の最も多い階級の階級値。**モード**ともいう。

> データの数が多いときは，中央値や最頻値は，データを小さい順に並べかえて調べよう。

右のデータ①で，
平均値は，

$$\frac{17.5+16.8+15.3+15.3+16.1}{5}$$

$$=16.2\,(℃)$$

中央値は，データの値を小さい順に並べたときの中央の値だから，

15.3, 15.3, **16.1**, 16.8, 17.5 より，16.1 ℃

最頻値は，データの中で最も多く現れる値だから，15.3 ℃

右上のデータ②で，度数分布表の最頻値は，$\frac{15.0+15.5}{2}=15.25$ ℃

① 5日間の最低気温の変化

気温(℃)
17.5
16.8
15.3
15.3
16.1

②

気温(℃)	度数(日)
15.0以上〜15.5未満	2
15.5 〜16.0	0
16.0 〜16.5	1
16.5 〜17.0	1
17.0 〜17.5	0
17.5 〜18.0	1
計	5

例 7人の反復とびの記録が　21, 28, 27, 28, 31, 24, 23 (回) のとき，
平均値は，(21+28+27+28+31+24+23)÷ [ア]　= [イ]　回
データを小さい順に並べると　21, 23, 24, 27, 28, 28, 31 だから
中央値は [ウ]　回　，最頻値は [エ]　回

ゼッタイ！これだけ
●データの代表値…平均値，中央値，最頻値など

練習問題 →解答は別冊 p.24

1 右の表は，1組の生徒30人，2組の生徒15人の漢字の書き取りテスト（5点満点）の得点を度数分布表に表したものです。これについて，次の問いに答えなさい。

1組

得点（点）	1	2	3	4	5
度数（人）	6	5	4	13	2

2組

得点（点）	1	2	3	4	5
度数（人）	3	3	6	2	1

(1) 1組のテストの結果の最頻値を答えなさい。

(2) 2組のテストの結果の中央値を求めなさい。

2 右の表は，20人の生徒の通学時間を調べた結果を度数分布表にまとめたものです。
これについて，通学時間の最頻値を求めなさい。

通学時間（分）	度数（人）
0以上〜10未満	3
10　〜20	7
20　〜30	5
30　〜40	3
40　〜50	2
計	20

いよいよ
ラストスパート！

どうしても解けない場合は
度数分布表へGO！　p.132

これも！
プラス

データが偶数個のときの中央値

中央値は，データの値を大きさの順に並べたときの真ん中の値のことでしたね。
では，右のようなデータの場合，中央値は何点でしょうか？

6人のゲームの得点（点）
1，3，4，7，7，9

データが偶数個のときは，真ん中の2つの値を平均したものが中央値になります。

中央値は，$(4+7)÷2=5.5$（点）

2つのデータの
中間が中央値に
なるよ

60 相対度数って何？

相対度数・累積相対度数

なぜ学ぶの?
人数の異なるクラスどうしだと，ある階級の度数を比べても，分布のようすは比べられないね。このようなときは，割合を使えば分布のようすも比べられるよ。

1 相対度数とは？

これが大事! 各階級の度数の，全体に対する割合を，その階級の**相対度数**という。

> 相対度数の合計は 1.00 になるよ。確認しよう。

$$（ある階級の相対度数）＝\frac{（その階級の度数）}{（度数の合計）}$$

右の度数分布表の，40 分以上 45 分未満の階級における相対度数は，

$$\frac{8}{20}＝0.40$$

予習に費やした時間

階級(分)	度数(人)	累積度数	相対度数	累積相対度数
以上 未満 25～30	2	2	0.10	0.10
30～35	4	6	0.20	0.30
35～40	3	9	0.15	0.45
40～45	8	17	0.40	0.85
45～50	2	19	0.10	0.95
50～55	1	20	0.05	1.00
合計	20	20	1.00	

2 累積相対度数とは？

これが大事! 最小の階級から，ある階級までの度数の合計を**累積度数**という。
上の表で，35 分以上 40 分未満の階級までの累積度数は，
2＋4＋3＝9

最小の階級から，ある階級までの相対度数の合計を**累積相対度数**という。
上の表で 35 分以上 40 分未満の階級の累積相対度数は，
それまでの相対度数をたして，
0.10＋0.20＋0.15＝0.45

> 相対度数は小数で表すよ。わりきれない場合は，概数で求めて，合計が 1 になるようにいちばん大きな値のところで調整しよう。

ゼッタイ! これだけ

$$（相対度数）＝\frac{（その階級の度数）}{（度数の合計）}$$

（累積相対度数）
＝（最小の階級からその階級までの相対度数の合計）

 →解答は別冊 p.24

1 右の度数分布表は，ある学校の生徒の 50 m走の記録をまとめたものです。これについて，次の問いに答えなさい。

50m走の記録

階級(秒)	1組 度数(人)	2組 度数(人)
以上　　未満 6.5 ～ 7.0	3	1
7.0 ～ 7.5	4	3
7.5 ～ 8.0	10	8
8.0 ～ 8.5	3	4
8.5 ～ 9.0	4	2
9.0 ～ 9.5	1	2
合計	25	20

(1) 1組の記録で，50 m走の記録が 7.5 秒未満の生徒は，全体の何%か求めなさい。

(2) 2組の記録で，8.5 秒以上 9.0 秒未満の階級の相対度数を求めなさい。

(3) 8.0 秒以上 9.5 秒未満の生徒の割合は，1 組と 2 組ではどちらが大きいですか。

(4) 2組の 8.0 秒以上 8.5 秒未満の階級の累積相対度数を求めなさい。

あと 1 回で終わりだよ！

どうしても解けない場合は 度数分布表へGO！ **p.132**

 相対度数の求め方の裏技

度数が 1 の相対度数がわりきれる場合，度数が 2, 3, ……の相対度数は，わり算をしなくても求められます。度数が 1 の相対度数を 2 倍，3 倍，……して求めましょう。
わりきれない場合でも，度数が 2 や 3 でわりきれるものがあれば，その相対度数をもとに他の相対度数も求められます。

	度数	相対度数
	1	0.20
2 倍 ▷	2	0.40 ◁ 2 倍
	3	0.60

どちらも同じ倍率！

2倍　2倍

正の数・負の数

文字と式

1次方程式

比例と反比例

平面図形

空間図形

データの活用

61 ことがらの起こりやすさを求めよう
確率

なぜ学ぶの?

確率って難しそうだけど, 相対度数と同じようなものと考えることができるよ。
同じ実験をくり返し行うことで, あることがらの起こりやすさがわかるんだ。

1 確率とは?

確率とは, あることがらの起こりやすさを, 割合で表したもの。
多数回の実験を行ったときは, 相対度数を確率と考える。

 (1) 下の表は, ペットボトルのふたを投げたときの,
ふたが表向きになったときの結果である。

投げた回数	10	50	100	500	1000
表向きの回数	3	8	18	105	200
表向きの相対度数	0.3	0.16	0.18	0.21	0.20

実験回数が少ない
ときは相対度数を
確率にできないよ。

投げた回数が多くなるにつれて, 表向きの相対度数は 0.20
に近づいている。確率は相対度数と考えてよいので, ペット
ボトルのふたを投げたとき, 表向きになる確率は 0.20

(2) さいころを 100 回投げたところ, 6 の目が 16 回出たときの 6 の目
が出る確率は,

$$\frac{16}{100} = 0.16 \quad より, 0.16$$

例 2 枚の硬貨を同時に 200 回投げて 2 枚とも表が出た回数が 46 回のとき, 2 枚と
も表が出る確率を求めましょう。

$$\frac{46}{[ア]} = [イ] \quad より, 2 枚とも表が出る確率は [イ]$$

ゼッタイ!
これ
だけ

実験を多数回行ったときの確率は

$$\frac{そのことが起こった回数}{実験の回数}$$

答え [ア] 200 [イ] 0.23 $\left(\frac{23}{100}\right)$

正の数・負の数

文字と式

1次方程式

比例と反比例

平面図形

空間図形

データの活用

練習問題 →解答は別冊 p.24

❶ 下の表は，あるボタンを投げたときの，表向きになったときの結果です。
このボタンを投げたとき，表向きになる確率を求めなさい。

投げた回数	20	50	100	200	500	1000
表向きの回数	11	21	46	85	214	431
表向きの相対度数	0.55	0.42	0.46	0.425	0.428	0.431

❷ ある旅行会社のオーロラを見るツアーで，オーロラが見られたのは，
　　　フィンランドの地点Aでは 50 回実施のうち 38 回
　　　アラスカの地点Bでは 32 回実施のうち 16 回
　　　カナダの地点Cでは 48 回実施のうち 41 回
でした。
オーロラを見られるチャンスが最も多いのはどこだといえますか。それ
ぞれの場所の確率を，四捨五入して小数第 2 位まで求めなさい。

A [　　　　　]　　　　B [　　　　　]　　　　C [　　　　　]

チャンスが多い場所 [　　　　　]

たいへんよく
がんばりました

どうしても解けない場合は
相対度数・累積相対度数へGO!　**p.138**

これも！プラス
確率は役に立つ

身の回りには，確率を使って判断できることがたくさんあります。たとえば，くじで 1 等
が当たる確率が $\dfrac{1}{10000000}$ のとき，10 枚買えば $\dfrac{1}{1000000}$，100 枚買えば $\dfrac{1}{100000}$，
……のように，買う枚数を増やせば確率も上がっていきますが，それ
だけお金もかかります。1 枚 300 円として，仮に 100 万枚買うと費
用は 3 億円，それでも 1 等が当たる確率は…… $\dfrac{1}{10}$（＝10 ％）です。

このように，何かを始めるときは，それがうまくいく確率をあらかじ
め考えてみるのもよいでしょう。

おさらい問題

1 下の表は, 1年1組で縄とび大会があって, 30秒間にとんだ回数の記録です。
あとの問いに答えなさい。

```
19 60 56 58 62 21 31 25 64 68 20 33 22 85 32 44
21 24 16 73 42 54 20 84 23 88 19 86 55 43 90 52
```

(1) 右の度数分布表の度数らんをうめて,
表を完成させなさい。

(2) データの分布の範囲を答えなさい。

(3) 階級の幅を答えなさい。

とんだ回数	度数(人)
10以上～20未満	
20 ～30	
30 ～40	
40 ～50	
50 ～60	
60 ～70	
70 ～80	
80 ～90	
90 ～100	
計	32

(4) 度数の最も多い階級の階級値を答えなさい。

(5) 60回以上とべた人は何人ですか。

(6) 右の図に, 上の度数分布表の
ヒストグラムをかきなさい。

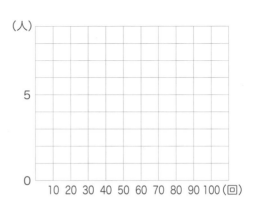

❷ 右の表は，20人の生徒の通学時間
を調べてまとめたものです。
次の問いに答えなさい。

通学時間（分）	度数（人）	相対度数
0以上～10未満	4	
10　～20	8	
20　～30	5	
30　～40	2	
40　～50	1	
計	20	

(1) 階級の幅を答えなさい。

(2) 最頻値を求めなさい。

(3) 通学時間が30分以上の生徒の数を求めなさい。

(4) 相対度数を求め，表を完成させなさい。

(5) 20分以上30分未満の階級の累積相対度数を求めなさい。

❸ 右の表は，ある養鶏場で，ある日の
朝とれた卵のうち100個の重さを
量って，度数分布表にまとめたもの
です。卵を一つ取り出したときにつ
いて，次の確率を求めなさい。

重さ（g）	度数（個）	相対度数
40以上～45未満	1	0.01
45　～50	15	0.15
50　～55	25	0.25
55　～60	28	0.28
60　～65	24	0.24
65　～70	7	0.07
計	100	1.00

(1) 重さが50g以上55g未満である
確率

(2) 重さが60g以上である確率

とってもやさしい
中1数学
これさえあれば
授業が
わかる

三訂版

解答と
解説

旺文社

1章 正の数・負の数

1 0より小さい数って？

→ 本冊9ページ

❶ (1)+8　(2)−6　(3)$+\dfrac{1}{3}$　(4)−4.2

解説

(1) 0より大きい数だから＋の符号をつけます。

(2) 0より小さい数だから−の符号をつけます。

(3) 分数の場合も, 整数と同じように考えます。
　　0より大きい数だから＋の符号をつけます。

(4) 小数の場合も, 整数と同じように考えます。
　　0より小さい数だから−の符号をつけます

❷ (1)−400 m　(2)−5 kg

解説

(1)「南」は「北」の正反対の方角なので, 符号も反対にして, −の符号をつけます。

(2)「軽い」は「重い」の反対なので, 符号も反対にして, −の符号をつけます。

2 数の大きさを表そう

→ 本冊11ページ

❶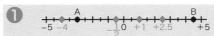

点 A：−3, 点 B：+4.5

解説

小さい1目もりは0.5, 大きい1目もりは1を表します。0より左は負の数, 右は正の数です。

点Aは負の数で, 0から, 大きい目もり3つ分左にあります。

点Bは正の数で, 0から, 大きい目もり4つ分と, 小さい目もり1つ分右にあります。

❷ (1)［ア］7　［イ］10　［ウ］4.1

(2)$-\dfrac{1}{3}$, $+\dfrac{1}{3}$

解説

絶対値は, その数から＋や−の符号をとったも

のです。

❸ (1)+1＞−2（−2＜+1）

(2)−7＜−6（−6＞−7）

(3)−4＜−3＜−2（−2＞−3＞−4）

解説

(1) 正の数＞負の数です。

(2), (3) 負の数は, 絶対値が大きいほど小さい数です。(3)は2＜3＜4だから, −をつけると, 大小が逆になります。

3 正の数と負の数のたし算をしよう

→ 本冊13ページ

❶ (1)+9　(2)+19　(3)−12
　(4)−13

解説

同符号のたし算は, 2数の絶対値の和に共通の符号をつけます。

(1)(+5)+(+4)＝＋(5+4)＝+9

(2)(+7)+(+12)＝＋(7+12)＝+19

(3)(−9)+(−3)＝−(9+3)＝−12

(4)(−5)+(−8)＝−(5+8)＝−13

❷ (1)+2　(2)−5　(3)−2　(4)+4
　(5)0　(6)0

解説

異符号のたし算は, 2数の絶対値の差に, 絶対値が大きいほうの数の符号をつけます。

(1)(+3)+(−1)＝＋(3−1)＝+2

(2)(+4)+(−9)＝−(9−4)＝−5

(3)(−4)+(+2)＝−(4−2)＝−2

(4)(−6)+(+10)＝＋(10−6)＝+4

絶対値が等しい異符号の2数の和は, 0です。

(5)(+5)+(−5)＝0

(6)(−8)+(+8)＝0

4 正の数と負の数のひき算をしよう

→ 本冊15ページ

❶ (1)+1　(2)−3　(3)−5　(4)+5
　(5)−2　(6)+4　(7)0　(8)+2

解説

ひき算では, ひく数の符号をかえた数をたします。

(1)(+4)−(+3)＝(+4)+(−3)＝+1

(2)(+2)−(+5)＝(+2)+(−5)＝−3

(3) $(-2)-(+3)=(-2)+(-3)=-5$
(4) $(+3)-(-2)=(+3)+(+2)=+5$
(5) $(-7)-(-5)=(-7)+(+5)=-2$
(6) $(-6)-(-10)=(-6)+(+10)=+4$
(7) $(-8)-(-8)=(-8)+(+8)=0$
(8) $0-(-2)=0+(+2)=+2$

5 （ ）をとって計算しよう

➡ 本冊17ページ

❶ (1) 13　(2) 2　(3) −1　(4) 8
　　(5) −10　(6) −17　(7) 4　(8) −4

解説

減法は加法の式に直して，加法の＋と（ ）をとって計算します。
(1) $(+10)+(+3)=10+3=13$
(2) $(+8)-(+6)=(+8)+(-6)=8-6=2$
(3) $(+3)+(-4)=3-4=-1$
(4) $(+1)-(-7)=(+1)+(+7)=1+7=8$
(5) $(-5)+(-5)=-5-5=-10$
(6) $(-8)-(+9)=(-8)+(-9)$
　　　　　　　$=-8-9$
　　　　　　　$=-17$
(7) $(-6)+(+10)=-6+10$
　　　　　　　$=+4$
(8) $(-7)-(-3)=(-7)+(+3)$
　　　　　　　$=-7+3$
　　　　　　　$=-4$

6 たし算とひき算が混じっていたら

➡ 本冊19ページ

❶ (1) 3　(2) −5　(3) 10　(4) −13
　　(5) 7　(6) −13　(7) 5　(8) −6

解説

(1) $(+4)-(-2)+(-3)=4+2-3$
　　　　　　　　　$=3$
(2) $(-8)+(+5)-(+2)=-8+5-2$
　　　　　　　　　$=5-(8+2)$
　　　　　　　　　$=5-10$
　　　　　　　　　$=-5$
(3) $9-6+7=9+7-6=16-6$
　　　　　　$=10$
(4) $-10+1-4=1-10-4$
　　　　　　$=1-(10+4)$

$=1-14$
　　$=-13$
(5) $-15+7+15=7+15-15$
　　　　　　$=7$
(6) $48-63+2=48+2-63$
　　　　　　$=50-63$
　　　　　　$=-13$
(7) $-2+3-(-8)-4=3+8-2-4$
　　　　　　　　$=11-6$
　　　　　　　　$=5$
(8) $6-11+4-3-2=6+4-(11+3+2)$
　　　　　　　　$=10-16$
　　　　　　　　$=-6$

7 負の数をかけるとどうなるの？

➡ 本冊21ページ

❶ (1) 16　(2) 30　(3) 9　(4) 28
　　(5) −48　(6) −60　(7) −30
　　(8) −21

解説

同符号の積：⊕×⊕=⊕, ⊖×⊖=⊕
異符号の積：⊕×⊖=⊖, ⊖×⊕=⊖
(1) $(+2)\times(+8)=+(2\times8)=+16$
(2) $(+10)\times(+3)=+(10\times3)=+30$
(3) $(-3)\times(-3)=+(3\times3)=+9$
(4) $(-4)\times(-7)=+28$
(5) $(-6)\times(+8)=-48$
(6) $(-15)\times(+4)=-60$
(7) $(+5)\times(-6)=-30$
(8) $(+7)\times(-3)=-21$

8 3つ以上の数のかけ算をしよう

➡ 本冊23ページ

❶ (1) 30　(2) −224　(3) −135
　　(4) 0　(5) −120　(6) −144
　　(7) 48　(8) 36

解説

積の符号：負の数の個数が偶数個→＋
　　　　　負の数の個数が奇数個→−
(1) $5\times(-3)\times(-2)=+5\times3\times2=30$
(2) $(-7)\times(-4)\times(-8)=-7\times4\times8=-224$
(3) $(-9)\times3\times5=-9\times3\times5=-135$

(4) $(-12) \times (-8) \times 0 = \underline{0}$
　　0との積は，0です。
(5) $5 \times (\underline{-2})^2 \times (\underline{-6}) = 5 \times 4 \times (\underline{-6}) = \underline{-120}$
(6) $8 \times (\underline{-3^2}) \times 2 = 8 \times (\underline{-9}) \times 2 = \underline{-144}$
(7) $6 \times (\underline{-1^4}) \times (\underline{-2})^3 = 6 \times (\underline{-1}) \times (\underline{-8})$
　　　　　　　　　　$= 48$
(8) $(2 \times 3)^2 = 6^2 = 36$

9　わり算をしよう

➡ 本冊 25ページ

❶ (1) -4　　(2) -7　　(3) -5　　(4) -2
　　(5) 6　　(6) 1　　(7) $-\dfrac{6}{25}$　　(8) -15

解説

同符号の商：$\oplus \div \oplus = \oplus$, $\ominus \div \ominus = \oplus$
異符号の商：$\oplus \div \ominus = \ominus$, $\ominus \div \oplus = \ominus$

(1) $(-24) \div (+6) = -(24 \div 6) = -4$
(2) $(-56) \div (+8) = -(56 \div 8) = -7$
(3) $(+15) \div (-3) = -(15 \div 3) = -5$
(4) $(+18) \div (-9) = -2$
(5) $(-36) \div (-6) = +6$
(6) $(-10) \div (-10) = +1$
(7) $\left(-\dfrac{4}{5}\right) \div \dfrac{10}{3} = -\dfrac{4}{5} \times \dfrac{3}{10} = -\dfrac{6}{25}$
(8) $12 \div \left(-\dfrac{4}{5}\right) = -12 \times \dfrac{5}{4} = -15$

10　かけ算とわり算が混じっていたら

➡ 本冊 27ページ

❶ (1) 4　　(2) -8　　(3) -4　　(4) 21
　　(5) $\dfrac{4}{3}$　　(6) 36　　(7) $\dfrac{1}{2}$　　(8) -7

解説

かけ算とわり算が混じった式は，かけ算だけの
式になおして計算します。
(1) $(-6) \div 3 \times (-2) = (-6) \times \dfrac{1}{3} \times (-2)$
　　　　　　　　　　$= 2 \times 2$
　　　　　　　　　　$= 4$
(2) $(-10) \div (-5) \times (-4) = (-10) \times \left(-\dfrac{1}{5}\right) \times (-4)$
　　　　　　　　　　　　$= -(2 \times 4)$
　　　　　　　　　　　　$= -8$

(3) $8 \times (-5) \div 10 = 8 \times (-5) \times \dfrac{1}{10}$
　　　　　　　　　$= -40 \times \dfrac{1}{10}$
　　　　　　　　　$= -4$
(4) $(-7) \times 9 \div (-3) = (-7) \times 9 \times \left(-\dfrac{1}{3}\right)$
　　　　　　　　　$= 63 \times \dfrac{1}{3}$
　　　　　　　　　$= 21$
(5) $(-4) \div (-6) \times 2 = (-4) \times \left(-\dfrac{1}{6}\right) \times 2$
　　　　　　　　　$= \dfrac{4}{6} \times 2$
　　　　　　　　　$= \dfrac{4}{3}$
(6) $(-8) \div \dfrac{2}{3} \times (-3) = 8 \times \dfrac{3}{2} \times 3 = 36$
(7) $\dfrac{1}{4} \div \left(-\dfrac{3}{2}\right) \times (-3) = \dfrac{1}{4} \times \dfrac{2}{3} \times 3 = \dfrac{1}{2}$
(8) $\dfrac{7}{8} \div \dfrac{1}{4} \div \left(-\dfrac{1}{2}\right) = -\dfrac{7}{8} \times 4 \times 2 = -7$

11　＋，－，×，÷が混じった式の計算

➡ 本冊 29ページ

❶ (1) -26　　(2) 8　　(3) -22　　(4) 3
　　(5) 40　　(6) 14　　(7) -6　　(8) 7

解説

①累乗と（　）の中，②かけ算とわり算，③たし
算とひき算　の順に計算します。
(1) $-5 + 7 \times (-3) = -5 + (-21) = -26$
(2) $6 + 24 \div 6 + (-2) = 6 + 4 - 2 = 8$
(3) $-4 \times 8 - 5 \times (-2) = -32 + 10 = -22$
(4) $(-81) \div 9 - 6 \times (-2) = -9 + 12 = 3$
(5) $8 \times (-3 + 4 \times 2) = 8 \times (-3 + 8) = 40$
(6) $4 \times (-2 + 5) + (-14) \div (-7)$
　　$= 4 \times 3 + 2$
　　$= 14$
(7) $6 \times (-4) - 2 \times (-3^2)$
　　$= -24 - 2 \times (-9)$
　　$= -24 + 18$
　　$= -6$
(8) $(-2)^2 - (9 - 6^2 \div 3) = 4 - (9 - 12)$
　　　　　　　　　　$= 4 - (-3)$
　　　　　　　　　　$= 7$

12 数を仲間分けしよう

→ 本冊31ページ

❶

計算 範囲	加法	減法	乗法	除法
自然数	○		○	
整数	○	○	○	
分数	○	○	○	○

解説

それぞれの数の範囲でできない例は,
自然数の範囲…$3-5=-2$
整数の範囲…$3÷5$

❷ 11, 13, 17, 19, 23, 29

解説

素数は, 1とその数以外に約数のない自然数です。

❸ (1) $84=2^2×3×7$
(2) $108=2^2×3^3$
(3) $162=2×3^4$
(4) $900=2^2×3^2×5^2$

解説

素因数分解は, 数を素数だけの積で表します。同じ数の積は, 累乗の指数を使って表します。

13 正負の数を利用して問題を解こう

→ 本冊33ページ

❶ (1) 月曜日 (2) 木曜日 (3) 20℃
(4) 18℃

解説

(1) いちばん高い気温は, 水曜日より3℃高い月曜日です。
(2) いちばん低い気温は, 水曜日より3℃低い木曜日です。
(3) 日曜日は水曜日より2℃高いので,
$18+2=20$ (℃)
(4) 日曜日の気温は20℃なので, 水曜日の気温はそれより2℃低い18℃です。それぞれの曜日の気温は, 日曜日から順に, 20℃, 21℃, 16℃, 18℃, 15℃, 19℃, 17℃なので, この週の平均気温は,
$(20+21+16+18+15+19+17)÷7$
$=18$ (℃)

[別解] 水曜日との差の平均は
$(+2+3-2+0-3+1-1)÷7=0$
したがって, 平均気温は基準の気温と同じなので, 18℃

おさらい問題

→ 本冊34ページ

❶ (1) −50円余る (2) −10 cm 増加

解説

反対の性質の言葉を使うと, 符号も反対になります。

❷ A…−4.5, B…+2

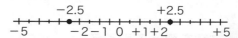

解説

小さい1目もりは0.5です。

❸ (1) $-15>-18$ $(-18<-15)$
(2) $-6<-5.5<+2$ $(+2>-5.5>-6)$

解説

負の数は, 絶対値が大きいほうが小さいです。

❹ (1) −5, (+) 5
(2) −2, −1, 0, (+) 1, (+) 2

解説

絶対値は, 原点からの距離のことです。

❺ (1) $32=2^5$ (2) $105=3×5×7$
(3) $270=2×3^3×5$

解説

素因数分解は, 素数だけの積で表します。同じ数の積は累乗の指数を使って表します。

❻ (1) −12 (2) 6 (3) −7 (4) 4
(5) 13 (6) 0

解説

(1) $(-4)+(-8)=-4-8=-12$
(2) $(+9)+(-3)=9-3=6$
(3) $(-2)-(+5)=-2-5=-7$
(4) $(-3)-(-7)=-3+7=4$
(5) $(+6)+(-2)-(-9)=6-2+9=13$
(6) $12-5+7-14=12+7-5-14=0$

7 (1) 24　(2)−160　(3)−36
　　(4)−8　(5) 4　(6) 41

解説

積や商の符号は，負の数が偶数個→＋
奇数個→−　になります。
(3)$-3^2 \times (-2)^2 = -3^2 \times 4 = -36$
(6)$(-2^2) - (-5) \times 9 = -4 + 45 = 41$

8 78.2 点

解説

5 人の得点は，A から順に，87 点，75 点，71 点，
65 点，93 点だから，5 人の平均点は，
$(87+75+71+65+93) \div 5 = 78.2$（点）

[別解]

基準点との差の平均は，
$(+12+0-4-10+18) \div 5 = 3.2$（点）
したがって，平均点は基準点より 3.2 点高いので，
$75+3.2=78.2$（点）

2章
文字と式

14　文字を使って表そう

➡ 本冊 37ページ

❶ (1) $12 \times a$　(2) $x \times 4$
　　(3) $b \div 3$　(4) $(x+y) \div 2$
　　(5) $a \times 6 + b \times 2$　(6) $10 \times x + 5$

解説

(1) 長方形の面積＝縦×横
　　縦に 12，横に a をあてはめて，$12 \times a$
(2) チョコレートの数
　　＝1 箱に入っている数×箱の数
　　＝　　$\underline{x}$　　×　4
(3) 1 本分の長さ＝リボンの長さ÷分けた数
　　　　　　　　　$\underline{b}$　　÷　　3

(4) 平均点＝（1 回目の点数＋2 回目の点数）÷2
　　　　　＝（　$\underline{x}$　＋　$\underline{y}$　）÷2
(5) 代金の合計＝a 円のえんぴつ 6 本の代金
　　　　　　　＋b 円のノート 2 冊の代金
(6) 十の位が x の数は $10 \times x$
　　［例］$\underline{30} = 10 \times \underline{3}$

15　文字の式のルール

➡ 本冊 39ページ

❶ (1) $7a$　(2) $-8x$　(3) $\dfrac{1}{4}b$ $\left(\dfrac{b}{4}\right)$
　　(4) $0.3y$　(5) $5a^2$　(6) $-9xy$
　　(7) b　(8) $-0.1x$　(9) $4a-7b$
　　(10) $-2(x+y)$　(11) $\dfrac{a}{3}$ $\left(\dfrac{1}{3}a\right)$
　　(12) $\dfrac{x+y}{2}$ $\left(\dfrac{1}{2}(x+y)\right)$

解説

文字式の積の表し方

① 乗法の記号×をはぶきます。
　　$50 \times a = 50a$
② 数と文字の積では，数を先に書きます。
　　$a \times 4 = 4a$
③ 同じ文字の積は，累乗の形で書きます。
　　$a \times a \times a = a^3$
④ 文字と文字の積では，アルファベット順に書
　　きます。
　　$b \times a = ab$
⑤ 1 をはぶきます。
　　$1 \times a = a$
　　$(-1) \times b = -b$

商の表し方

　除法の記号÷を使わず，分数の形で書きます。
　$a \div b = \dfrac{a}{b}$

16　文字は数の代わり

➡ 本冊 41ページ

❶ (1) 10　(2)−4　(3) 4　(4) $\dfrac{5}{2}$

解説

式の値は，文字式の中の文字を数に置きかえて

（代入して）計算します。負の数を代入するときは，かっこの中に入れて代入します。

(1) $5x = 5 \times x$
$\quad\quad = 5 \times 2$
$\quad\quad = 10$

(2) $x - 6 = 2 - 6$
$\quad\quad\quad = -4$

(3) $10 - 3x = 10 - 3 \times 2$
$\quad\quad\quad\quad = 10 - 6$
$\quad\quad\quad\quad = 4$

(4) $\dfrac{x+3}{2} = (2+3) \div 2$
$\quad\quad\quad = \dfrac{5}{2}$

❷ (1) 4　(2) 9　(3) −0.6　(4) 4

解説

(1) $-a + 1 = -(-3) + 1$
$\quad\quad\quad = 3 + 1$
$\quad\quad\quad = 4$

(2) $a^2 = (-3)^2$
$\quad\quad = 9$

(3) $0.2a = 0.2 \times (-3)$
$\quad\quad\quad = -0.6$

(4) $2(a+5) = 2 \times (-3+5)$
$\quad\quad\quad\quad = 2 \times 2$
$\quad\quad\quad\quad = 4$

17 同じ文字の項でまとめよう

→ 本冊43ページ

❶ (1) 項：$-3x$, -8, x の係数：-3

(2) 項：$2a$, b, -5, a の係数：2,
$\quad\quad b$ の係数：1

(3) 項：$\dfrac{x}{2}$, $-\dfrac{3}{5}y$, 4

$\quad\quad x$ の係数：$\dfrac{1}{2}$, y の係数：$-\dfrac{3}{5}$

(4) 項：$-6x^2$, $8x$, -1
$\quad\quad x^2$ の係数：-6, x の係数：8

解説

項は，式を加法（たし算）だけの式に直したときの，加法の記号＋で結ばれたそれぞれです。係数は，文字の項の数の部分です。

(1) $-3x - 8 = -3x + (-8)$

(2) $2a + b - 5 = 2a + b + (-5)$

(3) $\dfrac{x}{2} - \dfrac{3}{5}y + 4 = \dfrac{x}{2} + \left(-\dfrac{3}{5}y\right) + 4$

(4) $-1 + 8x - 6x^2$
$\quad\quad = -6x^2 + 8x + (-1)$

❷ (1) $8a$　(2) $6x$　(3) $-10a-8$
$\quad\quad$ (4) $8b+4$　(5) -3　(6) $2x+5$

解説

文字の部分が同じ項は係数をまとめ，文字の項どうし，数の項どうしを計算します。

(1) $3a + 5a = (3+5)a = 8a$

(2) $7x - x = (7-1)x = 6x$

(3) $-8 - 8a - 2a = (-8-2)a - 8$
$\quad\quad\quad\quad\quad\quad = -10a - 8$

(4) $2b + 4 + 6b = (2+6)b + 4$
$\quad\quad\quad\quad\quad = 8b + 4$

(5) $4 - 3x - 7 + 3x = (-3+3)x + 4 - 7$
$\quad\quad\quad\quad\quad\quad\quad = -3$

(6) $-6x + 10 + 8x - 5 = (-6+8)x + 10 - 5$
$\quad\quad\quad\quad\quad\quad\quad\quad = 2x + 5$

18 文字式どうしのたし算・ひき算

→ 本冊45ページ

❶ (1) $5x-5$　(2) $11a-1$　(3) $8a$
$\quad\quad$ (4) $-x-10$　(5) $8a-3$　(6) -4

解説

かっこの前が＋のときは，そのままかっこをはずし，かっこの前が−のときは，かっこの中の各項の符号をかえ，かっこをはずして計算します。

(1) $2x + (3x-5) = 2x + 3x - 5$
$\quad\quad\quad\quad\quad\quad = 5x - 5$

(2) $4a - (1-7a) = 4a - 1 + 7a$
$\quad\quad\quad\quad\quad\quad = 4a + 7a - 1$
$\quad\quad\quad\quad\quad\quad = 11a - 1$

(3) $(5a-4) + (3a+4)$
$\quad\quad = 5a - 4 + 3a + 4$
$\quad\quad = 5a + 3a - 4 + 4$
$\quad\quad = 8a$

(4) $(6x-2) - (7x+8)$
$\quad\quad = 6x - 2 - 7x - 8$
$\quad\quad = 6x - 7x - 2 - 8$
$\quad\quad = -x - 10$

(5) $(6+5a)+(3a-9)$
$\quad=6+5a+3a-9$
$\quad=5a+3a+6-9$
$\quad=8a-3$

(6) $(7x-1)-(3+7x)$
$\quad=7x-1-3-7x$
$\quad=7x-7x-1-3$
$\quad=-4$

19 文字式のかけ算・わり算
→ 本冊47ページ

❶ (1) $12a$　(2) $-10b$　(3) $3a$
　(4) $\dfrac{x}{2}\left(\dfrac{1}{2}x\right)$

解説

文字式と数のかけ算は，文字の係数に数をかけます。文字式÷数は，分数の形にして計算します。

(1) $3a\times4=3\times4\times a=12a$

(2) $(-5)\times2b=-5\times2\times b=-10b$

(3) $6a\div2=\dfrac{6a}{2}=3a$

(4) $-x\div(-2)=\dfrac{-x}{-2}=\dfrac{x}{2}$

❷ (1) $2a+6$　(2) $5y-6$
　(3) $3x+5$　(4) $-4x+17$

解説

分配法則を使ってかっこをはずします。

分配法則　$m(a+b)=ma+mb$
$\qquad(a+b)\div m=\dfrac{a}{m}+\dfrac{b}{m}$
$\qquad(m=0$をのぞく$)$

(1) $2(a+3)=2\times a+2\times3=2a+6$

(2) $-(-5y+6)=5y-6$

(3) $(6x+10)\div2=6x\times\dfrac{1}{2}+10\times\dfrac{1}{2}$
$\qquad\qquad\qquad=3x+5$

(4) $2(x+7)-3(2x-1)$
$\quad=2\times x+2\times7-3\times2\times x-3\times(-1)$
$\quad=2x+14-6x+3$
$\quad=2x-6x+14+3$
$\quad=-4x+17$

20 等式や不等式って何だろう
→ 本冊49ページ

❶ (1) $4a=20$
　(2) $100x+150y=1200$

解説

(1) 正方形の周の長さ＝1辺の長さ×4だから，
$\quad a\times4=20\rightarrow4a=20$

(2) 代金の合計＝$100\times x+150\times y$だから，
$\quad100x+150y=1200$

❷ (1) $10a>1000$
　(2) $x-20y\geqq6$

解説

不等号の使い方

$x>a\quad\rightarrow\quad x$は$a$より大きい

$x<a\quad\rightarrow\quad x$は$a$より小さい

$x\geqq a\quad\rightarrow\quad x$は$a$以上（$x$は$a$より大きいか$a$）

$x\leqq a\quad\rightarrow\quad x$は$a$以下（$x$は$a$より小さいか$a$）

(1) 代金は$a\times10$（円）で，1000円より高いから，$a\times10>1000\quad\rightarrow\quad10a>1000$

(2) 配ったみかんの個数は$y\times20$（個）だから，
$\quad x-20y\geqq6$

おさらい問題
→ 本冊50ページ

❶ (1) $-5a$　(2) $3xy$
　(3) $-\dfrac{x}{3}\left(-\dfrac{1}{3}x\right)$
　(4) $3x+\dfrac{y}{2}\left(3x+\dfrac{1}{2}y\right)$
　(5) $-a+\dfrac{b}{4}\left(-a+\dfrac{1}{4}b\right)$
　(6) $-2a^2-a$

解説

積の表し方

① 乗法の記号×をはぶく。

② 数と文字の積では，数を先に書く。

③ 同じ文字の積は，累乗の形で書く。

④ 文字と文字の積では，アルファベット順に書く。

⑤ 1をはぶく。$1\times a=a$　$(-1)\times b=-b$

商の表し方

除法の記号÷を使わず，分数の形で書く。

② (1) $150\,a$ 円　　(2) $\dfrac{30}{x}$ kg

解説

(1) 代金＝1個の値段×個数だから，
　　$150×a=150\,a$ （円）
(2) 1本の重さ＝全体の重さ÷本数だから，
　　$30÷x=\dfrac{30}{x}$ （kg）

③ (1) 1　　(2) -4

解説

$x=-2$ を代入します（x を -2 と置きかえます）。
(1) $7+3×(-2)=7-6=1$
(2) $-(-2)^2=-4$

④ (1) $-7\,x$　(2) $3\,a+2$　(3) $8\,x-5$
　　(4) $-a+5$

解説

(1) $x-8\,x=(1-8)\,x=-7\,x$
(2) $6\,a-2+4-3\,a$
　　$=6\,a-3\,a-2+4$
　　$=(6-3)\,a-2+4$
　　$=3\,a+2$
(3) $5\,x+(-5+3\,x)=5\,x+3\,x-5$
　　　　　　　　　$=(5+3)\,x-5$
　　　　　　　　　$=8\,x-5$
(4) $(-4\,a+7)-(2-3\,a)$
　　$=-4\,a+7-2+3\,a$
　　$=-4\,a+3\,a+7-2$
　　$=(-4+3)\,a+7-2$
　　$=-a+5$

⑤ (1) $18\,x$　(2) $-5\,x$　(3) $-20\,x+8$
　　(4) $10\,a+6$　(5) $5\,x-3$
　　(6) $11\,a-16$

解説

文字式と数のかけ算は，文字の係数に数をかけます。文字式÷数は，文字の係数を数でわります。かっこのある式は，分配法則を使ってかっこをはずします。
(1) $3×6\,x=3×6×x$
　　　　　$=18×x$
　　　　　$=18\,x$
(2) $45\,x÷(-9)=45÷(-9)×x$
　　　　　　　$=-5×x$
　　　　　　　$=-5\,x$

(3) $(5\,x-2)×(-4)$
　　$=5\,x×(-4)-2×(-4)$
　　$=-20\,x+8$
(4) $(-30\,a-18)÷(-3)$
　　$=-30\,a÷(-3)-18÷(-3)$
　　$=10\,a+6$
(5) $(x+3)+2\,(2\,x-3)$
　　$=x+3+4\,x-6$
　　$=(1+4)\,x+3-6$
　　$=5\,x-3$
(6) $2\,(4\,a-5)-(6-3\,a)$
　　$=8\,a-10-6+3\,a$
　　$=8\,a+3\,a-10-6$
　　$=(8+3)\,a-10-6$
　　$=11\,a-16$

⑥ (1) $5\,a+2=3\,b$
　　(2) $180\,x \leqq 2000$

解説

(1) a の5倍は $a×5=5\,a$，b の3倍は $b×3=3\,b$ だから，$5\,a+2=3\,b$
(2) x 人に 180 mL ずつ配ると，配った量は 180 xmL だから，$180\,x \leqq 2000$

3章
1次方程式

21 方程式って何？

➡ 本冊 53ページ

❶ (1) $x=3$　　(2) $x=1$　　(3) $x=4$
　　(4) $x=2$

解説

方程式の x に 0, 1, 2, 3, 4 を代入します。
(1) ・$x=0$ のとき左辺$=-3×0=0$ ≠右辺
　　・$x=1$ のとき左辺$=-3×1=-3$ ≠右辺
　　・$x=2$ のとき左辺$=-3×2=-6$ ≠右辺
　　・$x=3$ のとき左辺$=-3×3=-9=$右辺
　　　よって，$x=3$

(2) ・$x=0$ のとき左辺＝$4×0+1=1$
右辺＝$0+4=4$　よって，左辺≠右辺
・$x=1$ のとき左辺＝$4×1+1=5$
右辺＝$1+4=5$　よって，左辺＝右辺より，
$x=1$

(3) ・$x=0$ のとき左辺＝$5×0-2=-2$
右辺＝$4×0+2=2$　よって，左辺≠右辺
・$x=1$ のとき左辺＝$5×1-2=3$
右辺＝$4×1+2=6$　よって，左辺≠右辺
・$x=2$ のとき左辺＝$5×2-2=8$
右辺＝$4×2+2=10$ よって，左辺≠右辺
・$x=3$ のとき左辺＝$5×3-2=13$
右辺＝$4×3+2=14$　よって，左辺≠右辺
・$x=4$ のとき左辺＝$5×4-2=18$
右辺＝$4×4+2=18$　よって，左辺＝右辺
より，$x=4$

(4) ・$x=0$ のとき左辺＝$0-3=-3$
右辺＝$2×0-5=-5$　よって，左辺≠右辺
・$x=1$ のとき左辺＝$1-3=-2$
右辺＝$2×1-5=-3$　よって，左辺≠右辺
・$x=2$ のとき左辺＝$2-3=-1$
右辺＝$2×2-5=-1$ よって，左辺＝右辺
より，$x=2$

❷ ②，④

解説

それぞれの式の文字に 4 を代入すると，
①左辺＝$4-5=-1$ ≠右辺
②左辺＝$2×4+2=10$＝右辺
③左辺＝$3×4-5×4=-8$ ≠右辺
④左辺＝$-7×4=-28$，
右辺＝$-6×4-4=-28$ よって，左辺＝右辺
したがって，4 が解であるのは，②，④。

22 等式の性質を使って方程式を解こう

➡ 本冊 55ページ

❶ ［ア］3　［イ］3　［ウ］3　［エ］5　［オ］4
［カ］4　［キ］4　［ク］3　［ケ］2　［コ］2
［サ］2　［シ］12　［ス］3　［セ］3
［ソ］3　［タ］4

解説

等式の性質を使って，左辺を x だけにします。
(1) 等式の性質①を使って，両辺に 3 をたします。
(2) 等式の性質②を使って，両辺から 4 をひき

ます。
(3) 等式の性質③を使って，両辺に 2 をかけます。
(4) 等式の性質④を使って，両辺を 3 でわります。

23 移項って何？

➡ 本冊 57ページ

❶ (1) $x=-5$　(2) $x=10$　(3) $x=4$
(4) $x=0$　(5) $x=-3$　(6) $x=-1$
(7) $x=4$　(8) $x=-9$

解説

(1)　　$x+4=-1$
　　$x+4-4=-1-4$
　　　　　$x=-5$

(2)　　$x-8=2$
　$x-8+8=2+8$
　　　　$x=10$

(3)　　$-4x+22=6$
　$-4x+22-22=6-22$
　　　　$-4x=-16$
　　　　　$x=4$

(4)　　$8x-9=-9$
　$8x-9+9=-9+9$
　　　　$8x=0$
　　　　$x=0$

(5)　　$4x=x-9$
　$4x-x=-9$
　　　$3x=-9$
　　　$x=-3$

(6)　　$-x=3x+4$
　$-x-3x=4$
　　$-4x=4$
　　　$x=-1$

(7)　　$2x=-5x+28$
　$2x+5x=28$
　　$7x=28$
　　$x=4$

(8)　　$-3x=-7x-36$
　$-3x+7x=-36$
　　$4x=-36$
　　$x=-9$

24 仲間どうしはまとめよう

→ 本冊 59ページ

❶ (1) $x=-1$　　(2) $x=-2$　　(3) $x=5$
　　(4) $x=-2$　　(5) $x=2$　　(6) $x=1$
　　(7) $x=2$　　(8) $x=2$

解説

(1)　$5x+4=3x+2$
　　　$5x-3x=2-4$
　　　　　$2x=-2$
　　　　　　$x=-1$

(2)　$3x-8=6x-2$
　　　$3x-6x=-2+8$
　　　　$-3x=6$
　　　　　　$x=-2$

(3)　$2x-12=-2x+8$
　　　$2x+2x=8+12$
　　　　$4x=20$
　　　　　$x=5$

(4)　$3x+4=-4x-10$
　　　$3x+4x=-10-4$
　　　　$7x=-14$
　　　　　$x=-2$

(5)　$-3x+2=2x-8$
　　　$-3x-2x=-8-2$
　　　　$-5x=-10$
　　　　　　$x=2$

(6)　$-4x+10=x+5$
　　　$-4x-x=5-10$
　　　　$-5x=-5$
　　　　　$x=1$

(7)　$5x+9=-3x+25$
　　　$5x+3x=25-9$
　　　　$8x=16$
　　　　　$x=2$

(8)　$3x+5=23-6x$
　　　$3x+6x=23-5$
　　　　$9x=18$
　　　　　$x=2$

25 分数や小数は整数にしよう

→ 本冊 61ページ

❶ (1) $x=-32$　　(2) $x=11$
　　(3) $x=-5$　　(4) $x=8$
　　(5) $x=6$　　(6) $x=-1$

解説

係数が分数の場合は，両辺に分母の最小公倍数をかけて整数になおして計算します。係数が小数の場合は，両辺に 10 や 100 をかけて整数になおして計算します。

(1)　$\dfrac{1}{2}x+5=\dfrac{1}{4}x-3$

両辺に 2 と 4 の最小公倍数 4 をかけて，
　　$2x+20=x-12$
　　$2x-x=-12-20$
　　　$x=-32$

(2)　$\dfrac{x-5}{2}=3$

両辺に 2 をかけて，
　　$x-5=6$
　　　$x=6+5$
　　　$x=11$

(3)　$\dfrac{3}{10}x-\dfrac{3}{2}=\dfrac{4}{5}x+1$

両辺に 2 と 5 と 10 の最小公倍数 10 をかけて，
　　$3x-15=8x+10$
　　$3x-8x=10+15$
　　　$-5x=25$
　　　　$x=-5$

(4)　$\dfrac{x}{3}-1=\dfrac{x+2}{6}$

両辺に 3 と 6 の最小公倍数 6 をかけて，
　　$2x-6=x+2$
　　$2x-x=2+6$
　　　$x=8$

(5)　$0.3x-1.2=0.6$
両辺に 10 をかけて，
　　$3x-12=6$
　　　$3x=6+12$
　　　$3x=18$
　　　　$x=6$

(6)　　$0.2x=0.05x-0.15$
両辺に 100 をかけて，

11

$$20\,x=5\,x-15$$
$$20\,x-5\,x=-15$$
$$15\,x=-15$$
$$x=-1$$

26 （ ）がある方程式や比例式の解き方

→ 本冊63ページ

❶ (1) $x=3$　(2) $x=9$　(3) $x=16$
(4) $x=-4$　(5) $x=1$　(6) $x=20$
(7) $x=6$　(8) $x=-16$

解説

かっこのある式は，分配法則を使ってかっこをはずします。
比例式は，比例式の性質（$a:b=c:d$ならば，$ad=bc$）を使って解きます。

(1) $4\,(x-1)=8$
$4\,x-4=8$
$4\,x=8+4$
$x=3$

(2) $8\,x=3\,(2\,x+6)$
$8\,x=6\,x+18$
$8\,x-6\,x=18$
$2\,x=18$
$x=9$

(3) $3\,(x-4)=2\,(x+2)$
$3\,x-12=2\,x+4$
$3\,x-2\,x=4+12$
$x=16$

(4) $\dfrac{3}{4}\,x-1=2\,(x+2)$
$3\,x-4=8\,(x+2)$
$3\,x-8\,x=16+4$
$-5\,x=20$
$x=-4$

(5) $0.4\,x-0.4=-1.2\,(x-1)$
両辺に 10 をかけて，
$4\,x-4=-12\,(x-1)$
$4\,x+12\,x=12+4$
$16\,x=16$
$x=1$

(6) $x:8=5:2$
$x\times2=5\times8$
$2\,x=40$
$x=20$

(7) $x:4=9:6$
$x\times6=4\times9$
$6\,x=36$
$x=6$

(8) $(x-4):x=5:4$
$(x-4)\times4=x\times5$
$4\,x-16=5\,x$
$4\,x-5\,x=16$
$-x=16$
$x=-16$

27 方程式で問題解決！

→ 本冊65ページ

❶ 130 円のドーナツ…4 個
90 円のドーナツ…8 個

解説

1 個 130 円のドーナツを x 個とすると，90 円のドーナツは $(12-x)$ 個なので，
$$130\,x+90\,(12-x)=1240$$
分配法則でかっこをはずすと，
$$130\,x+1080-90\,x=1240$$
$$130\,x-90\,x=1240-1080$$
$$40\,x=160$$
$$x=4$$
90 円のドーナツの個数は 12−4＝8 となり，いずれも答えに適しています。

おさらい問題

→ 本冊66ページ

❶ $x=2$

解説

方程式 $4-5\,x=3\,x-12$ の x にそれぞれの値を代入します。

・−2 を代入すると，左辺＝4＋10＝14
右辺＝−6−12＝−18　よって，左辺≠右辺
・−1 を代入すると，左辺＝4＋5＝9
右辺＝−3−12＝−15　よって，左辺≠右辺
・0 を代入すると，左辺＝4
右辺＝−12　よって，左辺≠右辺
・1 を代入すると，左辺＝4−5＝−1
右辺＝3−12＝−9　よって，左辺≠右辺
・2 を代入すると，左辺＝4−10＝−6
右辺＝6−12＝−6　よって，左辺＝右辺

したがって, $x=2$

❷ (1) $x=5$　(2) $x=4$　(3) $x=9$
　　(4) $x=-6$

【解説】

(1) 　　　$x=3x-10$
　　$x-3x=-10$
　　　$-2x=-10$
　　　　　$x=5$

(2) 　$x+2=3x-6$
　　$x-3x=-6-2$
　　　$-2x=-8$
　　　　　$x=4$

(3) 　$6x-7=4x+11$
　　$6x-4x=11+7$
　　　　$2x=18$
　　　　　$x=9$

(4) 　$-x+7=-3x-5$
　　$-x+3x=-5-7$
　　　　$2x=-12$
　　　　　$x=-6$

❸ (1) $x=-\dfrac{4}{7}$　(2) $x=45$　(3) $x=5$
　　(4) $x=4$

【解説】

(1) $\dfrac{3}{4}x+3=2-x$

　両辺に 4 をかけて,

　　$3x+12=8-4x$
　　$3x+4x=8-12$
　　　　$7x=-4$
　　　　　$x=-\dfrac{4}{7}$

(2) $\dfrac{1}{3}x-2=\dfrac{1}{5}x+4$

　両辺に 3 と 5 の最小公倍数 15 をかけて,
　　$5x-30=3x+60$
　　$5x-3x=60+30$
　　　　$2x=90$
　　　　　$x=45$

(3) $1.3x-2=0.7x+1$
　両辺に 10 をかけて,
　　$13x-20=7x+10$
　　$13x-7x=10+20$
　　　　$6x=30$

　　　　　　$x=5$

(4) 　　$2.5x-4=1.3x+0.8$
　両辺に 10 をかけて,
　　$25x-40=13x+8$
　　$25x-13x=8+40$
　　　　$12x=48$
　　　　　$x=4$

❹ (1) $x=-5$　(2) $x=3$

【解説】

(1) 　$7x+8=3(x-4)$
　　$7x+8=3x-12$
　　$7x-3x=-12-8$
　　　　$4x=-20$
　　　　　$x=-5$

(2) $6x-5(x-1)=8$
　　$6x-5x+5=8$
　　　$6x-5x=8-5$
　　　　　　$x=3$

❺ (1) $x=12$　(2) $x=\dfrac{7}{4}$

【解説】

(1) 　$6:x=4:8$
　　$6\times8=x\times4$
　　　　$48=4x$
　　　　　$x=12$

(2) $(2x+1):6=3:4$
　　$4(2x+1)=18$
　　　$8x+4=18$
　　　　$8x=18-4$
　　　　$8x=14$
　　　　　$x=\dfrac{14}{8}$
　　　　　$x=\dfrac{7}{4}$

❻ 12 個

【解説】

買ったゼリーの個数を x 個とすると,
$300+100x+150(16-x)=2100$
　　　　　$100x-150x=2100-300-2400$
　　　　　　　　$-50x=-600$
　　　　　　　　　　　$x=12$
したがって, 買ったゼリーの個数は 12 個。

4章 比例と反比例

28 関数とは？

→ 本冊69ページ

① (1)○ (2)× (3)○ (4)○

解説

(1), (3), (4) では, x と y はともなって変わり, x の値を 1 つ決めると, y の値も 1 つ決まるので, y は x の関数です。

(2) で, 身長が決まっても, 体重は 1 通りに決まらないので, y は x の関数ではありません。

29 比例とは？

→ 本冊71ページ

① (1)○ (2)× (3)○ (4)× (5)×

解説

y が x に比例するとき, $y=$定数$\times x$ と表されます。

(1) は $y=50\,x$, (3) は $y=10\,x$ と表されるので, y は x に比例します。

(2) は $y=1000-80\,x$, (4) は $y=500+5\,x$,

(5) は $y=\dfrac{24}{x}$ となり, y は x に比例しません。

30 比例の関係は表や式からわかる

→ 本冊73ページ

① (1)[ア] 12 [イ] 24 [ウ] 2
     [エ] 4 [オ] $6\,x$
   (2)[カ] 12 [キ] -3 [ク] -3
     [ケ] $-3\,x$

解説

(1) y が x に比例しているとき, x の値が 2 倍, 3 倍, …になると, y の値も 2 倍, 3 倍, …になります。

[ア], [ウ] x の値が 2 倍になっているので, y の値も 2 倍になり, $y=6\times2=12$ です。

[イ], [エ] x の値が 4 倍になっているので,

y の値も 4 倍になり, $y=6\times4=24$ です。

[オ] x の値が 1 のとき y の値は 6 なので, $y=6\,x$ です。

(2) y は x に比例し, x の値が -2 のとき, y の値は 6 なので, y の値は x の値の -3 倍（ク）です。

[カ] $y=-4\times(-3)=12$

[キ] $y=1\times(-3)=-3$

[ケ] $y=-3\,x$ です。

② $y=-6\,x$

解説

比例定数を a とすると, $18=a\times(-3)$ より, $a=-6$ となり, 式は, $y=-6\,x$

31 平面上の点には番地がある

→ 本冊75ページ

① A $(-6, 5)$ B $(-4, -3)$
   C $(5, -5)$ D $(2, 4)$

解説

点の座標は, (x 座標, y 座標) で表します。

x 座標は, 原点から右が正, 左が負, y 座標は, 原点から上が正, 下が負になります。

点 A は, 原点から左へ 6, 上へ 5 進んでいます。

点 B は, 原点から左へ 4, 下へ 3 進んでいます。

点 C は, 原点から右へ 5, 下へ 5 進んでいます。

点 D は, 原点から右へ 2, 上へ 4 進んでいます。

②

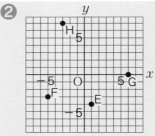

解説

点 E は, 原点から右へ 1, 下へ 4 進んだ点です。

点 F は, 原点から左へ 5, 下へ 3 進んだ点です。

点 G は, 原点から右へ 6, 下へは進んでいないので, x 軸上にあります。

点 H は, 原点から左へ 3, 上へ 7 進んだ点です。

32 比例のグラフは原点を通る直線

➡ 本冊 77ページ

❶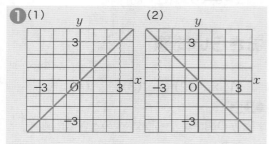

解説

(1) 原点と点 (3, 3) を通る直線をひきます。
(2) 原点と点 (3, −3) を通る直線をひきます。

❷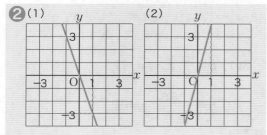

解説

(1) $x=1$ のとき, $y=-3×1=-3$ だから, 原点と点 (1, −3) を通る直線をひきます。
(2) $x=1$ のとき, $y=4×1=4$ だから, 原点と点 (1, 4) を通る直線をひきます。

33 反比例とは?

➡ 本冊 79ページ

❶ (1)× (2)× (3)○ (4)×

解説

y が x の関数で, $y=\dfrac{定数}{x}$ と表されるとき

($x×y$ が一定のとき), y は x に反比例しています。
(1) は $y=18-0.5x$, (2) は $y=100x$,
(4) は $y=30+5x$ だから, y は x に反比例していません。
(3) は $xy=36$ だから, y は x に反比例しています。

34 反比例の関係も表や式で表せる

➡ 本冊 81ページ

❶ (1)[ア] $\dfrac{8}{3}$ [イ]2 [ウ] $\dfrac{1}{3}$ [エ] $\dfrac{1}{4}$

$y=\dfrac{8}{x}$

(2)[オ]5 [カ]−10 [キ]10 $y=\dfrac{20}{x}$

解説

y が x に反比例するとき, x の値が 2 倍, 3 倍, …になると, y の値は $\dfrac{1}{2}$ 倍, $\dfrac{1}{3}$ 倍, …になります。

(1)[ア], [ウ] x の値が 3 倍になっているので, y の値は $\dfrac{1}{3}$ 倍になり, $8×\dfrac{1}{3}=\dfrac{8}{3}$ です。

[イ], [エ] x の値が 4 倍になっているので, y の値は $\dfrac{1}{4}$ 倍になり, $8×\dfrac{1}{4}=2$ です。

(2)[オ] x の値が 1 のとき, y の値は 20 だから, $x×4=20$ より, x の値は 5 です。
[カ], [キ] $x×y=20$ に, $x=-2$, 2 をそれぞれ代入して, カは $-2y=20$ より, $y=-10$ キは $2y=20$ より, $y=10$

❷ $y=\dfrac{40}{x}$

解説

y が x に反比例していて, 比例定数は $x×y=40$ です。

35 反比例のグラフは双曲線

➡ 本冊 83ページ

❶ 左から順に x…−4, 6 y…−1, −4, 3

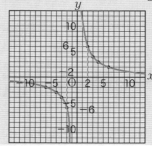

解説

対応する x と y の値を座標とする点をとり, なめらかな曲線で結びます。

36 比例を使って考えよう

→ 本冊 85 ページ

❶ (1) $y=\dfrac{2}{5}x$ (2) 12 個

解説

(1) 板の枚数 x を 2 倍, 3 倍, …にすると, 本立ての個数 y も 2 倍, 3 倍, …になるので, y は x に比例しています。比例定数は, $\dfrac{y}{x}=\dfrac{2}{5}$

(2) 本立ての個数は, $y=\dfrac{2}{5}x$ に $x=30$ を代入して, $y=12$ より, 12 個

❷ (1) $y=55x$ (2) 7 時間

解説

(1) 時間 x を 2 倍, 3 倍, …にすると, 進む道のり y も 2 倍, 3 倍, …になるので, y は x に比例しています。比例定数は, $\dfrac{y}{x}=\dfrac{165}{3}=55$ より, $y=55x$

(2) かかる時間は, $y=55x$ に $y=385$ を代入して, $x=7$ より, 7 時間

37 反比例を使って考えよう

→ 本冊 87 ページ

❶ (1) $y=\dfrac{72}{x}$ (2) 8 分

解説

(1) 水の量 x を 2 倍にすると, 時間 y は $\dfrac{1}{2}$ 倍になるので, y は x に反比例しています。比例定数は, $xy=6\times12=72$ より, $y=\dfrac{72}{x}$

(2) かかる時間は, $y=\dfrac{72}{x}$ に $x=9$ を代入して, $y=8$ より, 8 分

❷ (1) $y=\dfrac{12}{x}$ (2) 時速 6 km

解説

(1) 速さ x を 2 倍にすると, かかる時間 y は $\dfrac{1}{2}$ 倍になるので, y は x に反比例しています。比例定数は, $xy=4\times3=12$ より, $y=\dfrac{12}{x}$

(2) 歩く速さは $y=\dfrac{12}{x}$ に $y=2$ を代入して, $x=6$ より, 時速 6 km

おさらい問題

→ 本冊 88 ページ

❶ (1) × (2) ○ (3) △ (4) ○

解説

x と y の関係が $y=$ 定数 $\times x$ のときは比例, $y=\dfrac{\text{定数}}{x}$ ($xy=$ 定数) のときは反比例です。

(1) $y=100-x$ より, どちらでもありません。

(2) $y=4x$ より, 比例しています。

(3) $xy=12$ より, 反比例しています。

(4) $y=3x$ より, 比例しています。

❷ (1) $y=\dfrac{5}{2}x,\ y=-15$

(2) $y=-\dfrac{36}{x},\ y=9$

解説

(1) y は x に比例していて, 比例定数は, $\dfrac{y}{x}=\dfrac{20}{8}=\dfrac{5}{2}$ より, $y=\dfrac{5}{2}x$

$x=-6$ のとき, $y=\dfrac{5}{2}\times(-6)=-15$

(2) y は x に反比例していて, 比例定数は, $xy=6\times(-6)=-36$ より, $y=-\dfrac{36}{x}$

$x=-4$ のとき, $y=-\dfrac{36}{-4}=9$

❸ (1) A $(-4,\ 3)$ B $(0,\ -4)$
   C $(6,\ -2)$

(2)

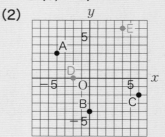

解説

(1) 点 A は原点から左へ 4, 上へ 3 進んでいます。
   点 B は x 座標は 0, 原点から下へ 4 進んで

います。
点 C は原点から右へ 6, 下へ 2 進んでいます。
(2) 点 D は y 座標は 0, 原点から左へ 2 進んでいます。

点 E は, 原点から右へ 4, 上へ 6 進んでいます。

④

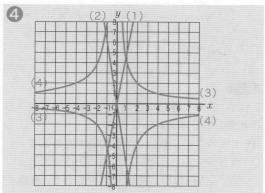

解説

(1) 原点と点 (1, 5) を通る直線です。
(2) 原点と点 (1, −6) を通る直線です。
(3) 点 (0.5 ,8), (1, 4), (2, 2), (4, 1), (8, 0.5) と, 点 (−0.5 ,−8), (−1, −4), (−2, −2) (−4, −1), (−8, −0.5) を, それぞれなめらかな曲線で結びます。
(4) 点 (1, −8), (2, −4), (4, −2), (8, −1) と, 点 (−1, 8), (−2, 4), (−4, 2), (−8, 1) を, それぞれなめらかな曲線で結びます。

⑤ (1) $y=3x$　(2) 45 回転

解説

(1) かみ合っている歯車では, 進んだ歯数が同じになるから, 歯数×回転数が等しくなります。
よって, $72x=24y$ より, $y=3x$
(2) $y=3x$ に $x=15$ を代入して, $y=45$ より, 45 回転します。

⑥ (1) 15 分　(2) $y=\dfrac{600}{x}$

解説

水そうの容量は 24×25=600 L です。
(1) 満水になるのにかかる時間は, 600÷40=15 (分)
(2) $x×y=600$ より, $y=\dfrac{600}{x}$

5章 平面図形

38 図形を記号で表そう

➡ 本冊91ページ

❶ (1) ⑦…∠BAD (∠DAB)
　　⑦…∠ADC (∠CDA)
(2) △ABC, △ABD, △ACD (頂点の順不同)

❷ (1) AB=DC, AD=BC
(2) ∠ABC=∠ADC (∠B=∠D), ∠BAD=∠BCD (∠A=∠C)
(3) AH ⊥ BC

解説

❷ (1)・(2) 平行四辺形の向かい合った辺の長さ, 向かい合った角の大きさはそれぞれ等しいです。

39 平行移動・対称移動させよう

➡ 本冊93ページ

❶ ⑰, ⓪

解説

⑧, ⑰, ⓪は, 3 つの辺, 3 つの角とも等しく, 向きも同じなので, 平行移動したといえます。

❷

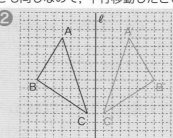

解説

AA′⊥ℓ, BB′⊥ℓ, CC′⊥ℓ,
直線 ℓ は, AA′, BB′, CC′ の真ん中を通ります。

40 回転移動させよう

→ 本冊 95ページ

① (1) 180° (2) 120°

解説

(1) 60°回転するととなりの区画に移動します。
3つ先の区画への移動は, 60°×3＝180°です。
(2) 2つ手前の区画への移動は, 60°×2＝120°
です。

② (1) △CDO (2) △COG

解説

直線 AO を 180°回転させると, 直線 CO に重なります。

41 垂線はどうやってひくの？

→ 本冊 97ページ

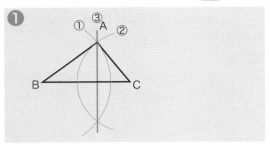

解説

① 点 B を中心に半径 AB の円をかきます。
② 点 C を中心に半径 AC の円をかきます。
③ ①, ②の円の交点を通る直線をひきます。

② (1) 点 A, 点 B, 点 C, 点 D
(2) 点 B, 点 C, 点 D, 点 E

解説

(1) 線分 AD は, 点 A から点 D までの部分です。
(2) 半直線 BD は, 点 B を端として, 点 E の方向に限りなくまっすぐのびた線です。

42 垂直二等分線はどうやってひくの？

→ 本冊 99ページ

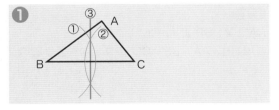

解説

① 点 B を中心に適当な半径の円をかきます。
② 点 C を中心に①と同じ半径の円をかきます。
③ ①, ②の円の交点を通る直線をひきます。

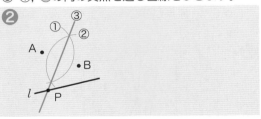

解説

2 点 A, B から等しい距離にある点は, 線分 AB の垂直二等分線上にあります。

① 点 A を中心に適当な半径の円をかきます。
② 点 B を中心に①と同じ半径の円をかきます。
③ ①, ②の円の交点を通る直線をひき, 直線 ℓ との交点を P とします。

43 角の二等分線はどうやってひくの？

→ 本冊 101ページ

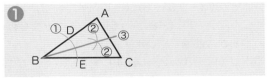

解説

① 点 B を中心に適当な半径の円をかきます。
② ①の円と辺 AB, CB との交点をそれぞれ D, E とし, 点 D, E を中心に, 同じ半径の円をかきます。
③ ②の 2 つの円の交点と点 B を結ぶ線をひきます。

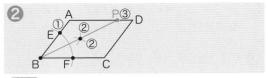

解説

辺 BA が辺 BC に重なるとき, 折り目の線は, ∠ABC の二等分線になります。

① 点 B を中心に適当な半径の円をかきます。
② ①の円と辺 AB, CB との交点をそれぞれ E, F として, 点 E, F を中心に, それぞれ同じ半径の円をかきます。
③ ②の 2 つの円の交点と点 B を結ぶ線をひき, 辺 AD との交点を P とします。

44 基本の作図を利用しよう

→ 本冊103ページ

❶

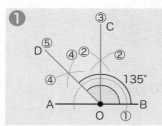

解説

135°＝90°＋45°を利用します。

①〜③で直線に垂線をひき，90°の角をつくります。

適当な直線 AB をひき，直線 AB 上に点 O をとります。

① 点 O を中心に適当な半径の円をかきます。

② ①の円と直線 AB の 2 つの交点を中心として，等しい半径の円をかきます。

③ ②でかいた 2 つの円の交点と点 O を通る直線 CO をひきます。

　∠COA は 90°だから，④，⑤で∠COA の二等分線をひいて 45°の角をつくります。

④ ①でかいた円と直線 AO，CO との交点を中心として等しい半径の円をかきます。

⑤ ④でかいた 2 つの円の交点と点 O を通る直線 DO をひきます。

❷

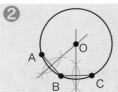

解説

求める円の中心は，3 点 A，B，C から等距離にあるので，線分 AB，BC の垂直二等分線の交点が円の中心です。

❶の①〜③の手順で，線分 AB，BC の垂直二等分線をかき，その交点を O とし，点 O を中心とした半径 OA の円をかきます。

45 円とおうぎ形の用語と性質

→ 本冊105ページ

❶ (1) 弧 AB　(2) 弦 AB　(3) 90°
　(4) 接点　(5) おうぎ形 OEF
　(6) 中心角

解説

(3) 円の接線は，その接点を通る半径に垂直です。

(5) 円を 2 つの半径でくぎると，おうぎ形が 2 つできます。

46 おうぎ形の弧の長さや面積を求めよう

→ 本冊107ページ

❶ 円周…20π cm，面積…100π cm²

解説

半径 r の円周の長さは，

$2\pi r$ より，$2 \times \pi \times 10 = 20\pi$ (cm)

円の面積は，

πr^2 より，$\pi \times 10^2 = 100\pi$ (cm²)

❷ (1) 弧の長さ…2π cm，面積…6π cm²
　(2) 100°

解説

(1) 半径 r，中心角 $a°$ のおうぎ形の，

　弧の長さは，$2\pi r \times \dfrac{a}{360}$

　面積は，$\pi r^2 \times \dfrac{a}{360}$

(2) 半径 9 cm の円の周の長さは 18π cm だから，

　求める中心角は，$360 \times \dfrac{5\pi}{18\pi} = 100°$

おさらい問題

→ 本冊108ページ

❶

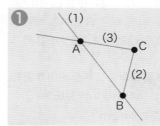

解説

(1) 点 A，点 B の両側にまっすぐのびた線です。

(2) 点 B から点 C までまっすぐひいた線です。

(3) 点 C から点 A のほうにまっすぐ，限りなくのびた線です。

❷ (1) AB⊥CD　(2) AB∥CD

解説

(1) 線分 AB と線分 CD は垂直に交わっています。

(2) 線分 AB と線分 CD は平行です。

❸ (1) ⑦の図形　(2) ⑥の図形

解説

(1) △EAF と向きが同じ（90°の角が左上）三角形は，△HOG です。

(2) ④の図形を線分 FH を対称の軸として対称移動させると，③の図形に重なります。③の図形を点 G を対称の中心として反時計回りに 90°回転移動させると，CG は OG まで回転し，HG は FG まで回転します。

❹

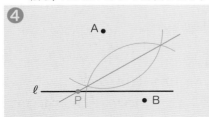

解説

2 点 A，B から等しい距離にある点は，線分 AB の垂直二等分線上にあります。

❺

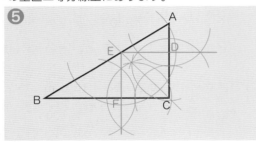

解説

正方形の対角線を利用します。∠ECF＝∠ECD＝45°だから，∠ACB の二等分線を作図し，辺 AB との交点を E とします。E から BC，AC へそれぞれ垂線をひき，BC，AC との交点を，それぞれ F，D とします。
（対角線 CE の作図は⑱の角の二等分線の作図を，垂線 ED，EF の作図は⑪の垂線の作図を参照）

❻ (1) 2π cm　(2) 8π cm^2
　　(3) $(2\pi+16)$ cm

解説

(1) $2\pi\times8\times\dfrac{45}{360}=2\pi$ (cm)

(2) $\pi\times8^2\times\dfrac{45}{360}=8\pi$ (cm^2)

(3) $2\pi+8\times2=2\pi+16$ (cm)

6章
空間図形

47 立体を形で分けよう

→ 本冊 **111ページ**

❶ (1)［ア］三角柱　［イ］五面体
　　(2)［ウ］四角柱　［エ］六面体
　　　　［オ］正六面体
　　(3)［カ］円柱　［キ］円錐
　　(4)［ク］右の図
　　(5)［コ］三角錐

（例）

解説

(4) 見取図では，見える線を実線で，見えない線を点線でかきます。

(5) 四面体は三角錐ですから，すべての辺が等しい三角錐は正四面体です。

48 立体を真正面や真上から見ると？

→ 本冊 **113ページ**

❶ (1) ア
　　(2) エ

解説

(1) 平面図から，底面は三角形であることがわかり，さらに側面から，角柱であることがわかります。

(2) 平面図から，底面は三角形であることがわかり，さらに側面から，角錐であることがわかります。

❷

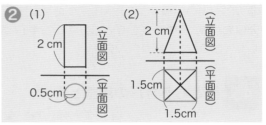

解説

下側に真上から見た図をかき，上側には真正面から見た図をかきます。

(2) 真上から見ると，四角錐の頂点と底面の各頂
　点を結ぶ辺が見えます。

49 展開図から立体を考えよう
→ 本冊115ページ

❶ （例）

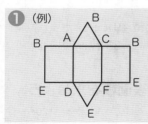

解説
側面を切り開くと，長方形が 3 つ並びます。底面
の辺と重なる辺は等しい長さでかきます。底面は，
側面のどの長方形に付けてもよいです。

❷ （例）

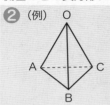

解説
一般的には△ ABC を底面とする三角錐をかき
ます。見えない辺は点線でかきます。

50 空間内の平面や直線の位置関係
→ 本冊117ページ

❶ (1) 辺 DC，辺 HG，辺 EF
　 (2) 辺 AD，辺 AE，辺 BC，辺 BF
　 (3) 辺 DH，辺 CG，辺 EH，辺 FG
　 (4) 面 ABCD，面 EFGH
　 (5) 面 AEFB，面 BFGC
　 (6) 面 AEFB，面 BFGC，面 CGHD，
　　　面 AEHD
　 (7) 面 ABCD

解説
(3) 辺 AB と平行でなく，交わらない辺です。
(6) 直方体では，底面と側面は垂直です。
(7) 直方体では，2 つの底面は平行です。

51 面や線を動かしてできる立体
→ 本冊119ページ

❶ できる立体…五角柱 　（例）
　 見取図…右の図

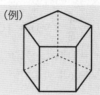

解説
五角形が，その面に垂直方向に動くので，五角柱
ができます。

❷ 右の図 　　　　　　　 （例）

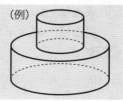

解説
長方形を 1 つの辺を軸として回転させると，円
柱ができます。もとの図形を，上に縦長の長方形，
下に横長の長方形とみると，上に小さい円柱，下
に大きい円柱を重ねた図形ができます。

52 角柱や円柱の体積を求めよう
→ 本冊121ページ

❶ 48 cm³

解説
角柱の体積は底面積×高さで求められます。
底面は台形だから，
$$\{(3+5)\times3\div2\}\times4=12\times4$$
$$=48(cm^3)$$

❷ 128π cm³

解説
円柱の体積は底面積×高さで求められるから，
$$\pi \times4^2\times8=128\pi(cm^3)$$

53 角錐や円錐の体積を求めよう
→ 本冊123ページ

❶ 12 cm³

解説
角錐の体積は$\frac{1}{3}$×底面積×高さで求められるから，
$$\frac{1}{3}\times3\times4\times\frac{1}{2}\times6=12(cm^3)$$

❷ $105\pi\,\text{cm}^3$

解説

大きい円錐の体積－小さい円錐の体積

$$=\frac{1}{3}\times36\pi\times10-\frac{1}{3}\times9\pi\times5$$

$$=120\pi-15\pi$$

$$=105\pi\,(\text{cm}^3)$$

54 角柱や円柱の表面積を求めよう

➡ 本冊125ページ

❶ 底面積…$6\,\text{cm}^2$　側面積…$36\,\text{cm}^2$
　　表面積…$48\,\text{cm}^2$

解説

底面積…$\dfrac{1}{2}\times3\times4=6\,(\text{cm}^2)$

側面積…側面の展開図の長方形の面積を計算して，
　　　　$(3+4+5)\times3=36\,(\text{cm}^2)$

表面積…底面積×2＋側面積
　　　　$=6\times2+36=48\,(\text{cm}^2)$

❷ 底面積…$9\pi\,\text{cm}^2$　側面積…$60\pi\,\text{cm}^2$
　　表面積…$78\pi\,\text{cm}^2$

解説

底面積…$\pi\times3^2=9\pi\,(\text{cm}^2)$

側面積…側面の展開図の長方形の面積を計算して，
　　　　$2\pi\times3\times10=60\pi\,(\text{cm}^2)$

表面積…底面積×2＋側面積
　　　　$=9\pi\times2+60\pi=78\pi\,(\text{cm}^2)$

55 角錐や円錐の表面積を求めよう

➡ 本冊127ページ

❶ 底面積…$16\,\text{cm}^2$　側面積…$48\,\text{cm}^2$
　　表面積…$64\,\text{cm}^2$

解説

底面積…$4\times4=16\,(\text{cm}^2)$

側面積…側面の三角形4つ分を計算して，
　　　　$\left(\dfrac{1}{2}\times4\times6\right)\times4=48\,(\text{cm}^2)$

表面積…底面積＋側面積＝$16+48$
　　　　　　　　　　　　　$=64\,(\text{cm}^2)$

❷ 底面積…$9\pi\,\text{cm}^2$　側面積…$24\pi\,\text{cm}^2$
　　表面積…$33\pi\,\text{cm}^2$

解説

底面積…$\pi\times3^2=9\pi\,(\text{cm}^2)$

側面積…$\pi\times8^2\times\dfrac{3}{8}=24\pi\,(\text{cm}^2)$

表面積…底面積＋側面積＝$9\pi+24\pi$
　　　　　　　　　　　　　$=33\pi\,(\text{cm}^2)$

56 球の体積や表面積を求めよう

➡ 本冊129ページ

❶ (1) 表面積…$4\pi\,\text{cm}^2$
　　　　体積…$\dfrac{4}{3}\pi\,\text{cm}^3$
　　(2) 表面積…$64\pi\,\text{cm}^2$
　　　　体積…$\dfrac{256}{3}\pi\,\text{cm}^3$

解説

(1) 表面積…$4\pi\times1^2=4\pi\,(\text{cm}^2)$

　　体積…$\dfrac{4}{3}\pi\times1^3=\dfrac{4}{3}\pi\,(\text{cm}^3)$

(2) 表面積…$4\pi\times4^2=64\pi\,(\text{cm}^2)$

　　体積…$\dfrac{4}{3}\pi\times4^3=\dfrac{256}{3}\pi\,(\text{cm}^3)$

❷ 表面積…$27\pi\,\text{cm}^2$　体積…$18\pi\,\text{cm}^3$

解説

表面積…球の表面積の半分＋底面積より，
　　　　$4\pi\times3^2\div2+\pi\times3^2=27\pi\,(\text{cm}^2)$

体積…$\dfrac{4}{3}\pi\times3^3\div2=18\pi\,(\text{cm}^3)$

おさらい問題

➡ 本冊130ページ

❶ (1) 八面体　(2) 五面体　(3) 八面体

解説

(1) 七角錐で，底面が1つ，側面が7つあります。

(2) 三角柱で，底面が2つ，側面が3つあります。

(3) 8つの合同な正三角形でできています。

② (1) 辺 EF, 辺 HG, 辺 DC
  (2) 辺 AE, 辺 HE, 辺 BF, 辺 GF
  (3) 辺 AD, 辺 AB, 辺 EH, 辺 EF
  (4) 辺 AE, 辺 BF, 辺 CG, 辺 DH
  (5) 辺 AD, 辺 EH, 辺 AE, 辺 DH
  (6) 面 ABCD, 面 EFGH, 面 AEFB,
    面 HGCD

解説
(3) 辺 CG と交わらず, 平行でもない辺です。
(4) 直方体では, 高さにあたる辺は, 底面と垂直
   です。
(6) 直方体では, 1 つの面は, 向かい合った面と
   平行, その他の面とは垂直になっています。

③ (1) 面ウ (2) 面ア, 面イ, 面ウ, 面オ

解説
エを底面として組み立てると,
右のようになります。

④ (1) 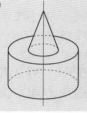 (2)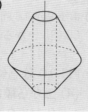

解説
(1) 円柱の上に円錐をのせた立体ができます。
(2) 円錐を上下に合わせ, 中を円柱の形にくりぬ
   いた立体ができます。

⑤ (1) 体積…24 cm³, 表面積…52 cm²
  (2) 体積…72π cm³,
    表面積…66π cm²

解説
(1) 体積…底面積×高さ＝$\underline{(3 \times 2)} \times 4$
                ＝24(cm³)
   表面積…底面積×2+側面積
   ＝$(3 \times 2) \times 2+(2+3+2+3) \times 4$
   ＝52(cm²)
(2) 体積…底面積×高さ＝$\underline{\pi \times 3^2} \times 8$
                ＝72π(cm³)
   表面積…底面積×2+側面積
   ＝9π×2+6π×8
   ＝66π(cm²)

⑥ (1) 24 cm³ (2) 36π cm³,

解説
(1) 角錐の体積は $\frac{1}{3}$×底面積×高さだから,

   $\frac{1}{3} \times 3 \times 6 \times 4＝24$(cm³)

(2) 球の $\frac{1}{8}$ だから, $\frac{4}{3} \pi \times 6^3 \div 8＝36\pi$ (cm³)

7 章
データの活用

57 データを整理しよう

→ 本冊 133ページ

❶ (1) 上から順に 2, 8, 10, 7, 3
  (2) 10 点 (3) 50 点以上 60 点未満
  (4) 20 人

解説
(4) 点数が 60 点未満は, 2+8+10＝20 (人)

58 ヒストグラムとは？

→ 本冊 135ページ

❶ (1) 上から順に 2, 7, 9, 8, 4
  (2)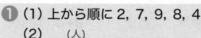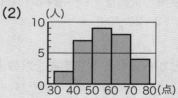

  (3) 50 点以上 60 点未満 (4) 18 人

解説
(4) 点数が 60 点未満は, 2+7+9＝18 (人)

59 データの代表値って何？

→ 本冊 137ページ

❶ (1) 4 点　(2) 3 点

〔解説〕

(2) 中央値は，15 人を得点の低い順に並べたときの真ん中の人の得点だから，8 番目の 3 点。

❷ 15 分

〔解説〕

度数が最も多いのは，10 分以上 20 分未満の階級だから，

(10＋20)÷2＝15（分）

60 相対度数って何？

→ 本冊 139ページ

❶ (1) 28 ％　(2) 0.10　(3) 2 組
(4) 0.80

〔解説〕

(1) 7.5 秒未満の生徒は，(3＋4＝) 7 人だから，全体の (7÷25)×100＝28 (％)

(2) 相対度数＝$\dfrac{\text{その階級の度数}}{\text{度数の合計}}$＝$\dfrac{2}{20}$＝0.1

(3) 1 組の割合は，(3＋4＋1)÷25＝0.32
2 組の割合は，(4＋2＋2)÷20＝0.4

(4) 最初の階級から 8.5 秒未満までの相対度数は，上から順に，0.05, 0.15, 0.40, 0.20 なので，0.05＋0.15＋0.40＋0.20＝0.80

［別解］

(4) 8.5 秒未満の人数は 1＋3＋8＋4＝16 (人) だから，16÷20＝0.8

61 ことがらの起こりやすさを求めよう

→ 本冊 141ページ

❶ 0.43

〔解説〕

投げた回数が最も多いときの相対度数は 0.43 なので，表向きになる確率は 0.43 といえます。

❷ A…0.76, B…0.50, C…0.85
チャンスが多い場所…C

〔解説〕

A…$\dfrac{38}{50}$＝0.76, B…$\dfrac{16}{32}$＝0.50,

C…$\dfrac{41}{48}$＝0.854…

おさらい問題

→ 本冊 142ページ

❶ (1) 上から順に，3, 8, 3, 3, 5, 4, 1, 4, 1
(2) 74 回
(3) 10 回
(4) 25 回
(5) 10 人
(6) 右の図

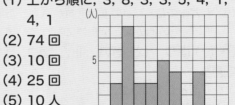

〔解説〕

(2) 最小値が 16 回，最大値が 90 回です。

(5) 60 回以上から，100 回未満までの人数の和だから，4＋1＋4＋1＝10 (人)

❷ (1) 10 分　(2) 15 分　(3) 3 人
(4) 上から順に，0.20, 0.40, 0.25, 0.10, 0.05
(5) 0.85

〔解説〕

(2) 度数 8 の階級の階級値を答えます。

(5) 30 分以内までの相対度数の合計を求めます。
0.20＋0.40＋0.25＝0.85

❸ (1) 0.25　(2) 0.31

〔解説〕

相対度数を確率と考えてよいので，重さが 60 g 以上である確率は，0.24＋0.07＝0.31